U0242648

建 筑 自 主 性 研 究 丛 书

空间操作

——现代建筑空间设计及教学研究的基础与反思

第二版

Operation of Space：A Reflection of Modern Architectural Space Design and Pedagogy

朱雷　著

ZHU　Lei

东 南 大 学 出 版 社

南 京

内 容 提 要

现代建筑以来,空间问题已被明确提出并成为建筑学之核心。现代建筑对空间的强调往往隐含了某种抽象思想对具体实物的提升和概括,也因之造成二者之间不同程度的割裂。本书提出"空间操作"问题,则意图将抽象思想与具体问题再次结合起来,展开一种从设计操作角度进行的建筑空间研究,以此确立空间设计(及教学)研究的独立价值,回应所谓"建筑自主性"问题,致力于建筑学自身的探讨与回归。

全书由三个相互关联并且彼此促发的部分组成。第一部分(上篇)有关空间设计的操作模式,从对相关传统和基础材料的解读中,梳理出"体量与构图"、"结构框架与自由平面"、"抽象要素与构成",以及"'装配部件'与形式结构"等空间操作模式。第二部分(中篇)有关空间设计操作的自身分析,这一分析从设计操作的"要素"和"机制"两个方面展开,提出"形体–构件"与"结构–系统"两类要素,以及"强–弱"与"紧–松"两对机制。第三部分(下篇)有关空间操作的教学练习,以笔者参加的东南大学建筑设计基础教学为例,选取"单一形体与空间建构"、"单元空间组织",以及"综合空间"三个以空间为主线的教学练习进行具体的阐发和探讨。

本书适于建筑设计、建筑历史及理论等相关领域的专业人士阅读,同时可作为高等院校相关专业的教学参考用书。

图书在版编目（CIP）数据

空间操作:现代建筑空间设计及教学研究的基础与

反思 / 朱雷著. —2 版.—南京:东南大学出版社,2015.10（2022.8重印）

（建筑自主性研究丛书）

ISBN 978-7-5641-6077-7

Ⅰ.①空… Ⅱ.①朱… Ⅲ.①空间—建筑设计—教学

研究—高等学校 Ⅳ.①TU201

中国版本图书馆 CIP 数据核字(2015)第 255496 号

空间操作:现代建筑空间设计及教学研究的基础与反思

著　者	朱 雷	
出版发行	东南大学出版社	
社　址	南京市四牌楼2号	邮编:210096
出版人	江建中	
网　址	http://www.seupress.com	
责任编辑	戴 丽	
文字编辑	辛健彤	
责任印制	周荣虎	
经　销	全国各地新华书店	
印　刷	南京玉河印刷厂	
开　本	787 mm×1092 mm 1/16	
印　张	13.25	
字　数	385 千字	
版　次	2010 年 9 月第 1 版 2015 年 10 月第 2 版	
印　次	2022 年 8 月第 8 次印刷	
书　号	ISBN 978-7-5641-6077-7	
定　价	48.00 元	

丛书出版说明

"自主性"首先是一个哲学概念，并且不同的学科甚至是同一学科内部对其都有不同的理解。不过，这一丛书并不希望将梳理其渊源与流变作为工作的开始，而是在相当纯粹的建筑学的范围内进行探讨。

通常而言，所谓建筑自主性，指的是因其形式上的合法性与内在意义，建筑具有某种自足自治的特质。虽然一般认为有关建筑自主性的各种观点衍生自艺术领域的自治性，然而，它们毕竟还有着这样那样的区别：艺术品的自主性在于针对大众文化的堕落与破产，而建筑的自主性则来自从文艺复兴到启蒙运动的建筑学学科的成型——教育机制的建立、形式法则的规范化、建筑类型的社会内涵的觉醒……到了 20 世纪 60 年代末、70 年代初，对于建筑学中使用性质的强调已然导致了其学科边界的瓦解，此时，艾森曼主持的"城市与建筑研究所"及其出版物《反对》再次提出建筑自主性的概念并作出新的阐释：建筑形式自身的突变潜力成为对抗资本主义意识形态对建筑活动的控制与同化的重要（甚至是唯一的）手段。这样，建筑自主性成为保持建筑的社会批判性的一个途径，建筑师和历史学家们也把它视作抵抗资本主义的生产与消费怪圈的最后机会。

与这种基于形式自律的建筑自主性相比，这一丛书中的自主性毋宁是指的建筑学中一些不可抽离的主题，也是一个学科赖以建立的内在要素。其目的在于逐步建立自己的学科对象和研究范式，而不去依附他学科既有的描述语言，从而也不去成为他学科的诠释和映射。设定这一指向乃是基于对建筑学研究的如下认识：

近几十年来，建筑研究越来越多地将视野投向了传统建筑学之外的领域。它们或者借助于其他学科的发展来展开有关建筑理论的研究，或者是侧重于新的技术材料和社会环境问题所引起的建造和使用方式的变化，来展开有关具体建筑实物的研究。但这样的两种研究角度，其出发点往往都超出建筑学本身的范畴。这些研究一方面从外部为建筑学汲取了动力，但同时也对建筑学的学科性形成了巨大的挑战。因为建筑学的一个基本任务便是将这些外部的促动因素与建筑学的某种"内在性"结合起来，这是建筑学科的核心所在。没有这种"内在性"，一切将无从谈起。

在其基本意义上来看，建筑正是用材料来搭建以创造空间，以满足一定的功能，它又必然呈现为某一特定的形式，而最终，任何建造注定将无法脱离大地。材料、空间、功能、形式、场地于是首先成为任何建筑都不可脱离的要素，它们也理所当然地成为建筑自主性研究的重要对象和基础。但是，在建筑自主性研究的框架下，对于这些基本要素的讨论并非独立或僵硬的，而是围绕建筑学的核心来展开。这一意义上的建筑自主性，直指建筑学本身，更为注重建筑学的学科基础。在具体的实物和抽象的理念之外，它还以一门学科独有的特质联系着思想和现实，体现出自身的价值。它超越了艾森曼形式主义的自律范畴，毕竟建筑学的自主性终究是一个悖论，因为其限定条件由外部给定。建筑学的本质不是通常认为的纯粹的自主性，而是包含外部条件限定的内在性。

在中国当代语境下来讨论这一意义上的建筑自主性，不仅必要而且具有特殊的意义。这是因为，一方面现代建筑学的传统和基本内核在中国尚未完全确立，外围因素对于建筑研究的影响在中国也更为突出；另一方面，当代中国的建筑实践已经卷入国际建筑语境之中，建筑创作拥有了前所未有的实现机会和连接国际建筑主题的可能。在这种情况下，如何回到建筑本身，在新的视野下来审视与发展这些主题，呈现出它们在当代建筑学中新的面貌和可能，便成为现今中国建筑学必须面对的一个挑战。

五位青年学者首先展开对于这些基本问题的研究，适逢其时，并展现出不同的视角和途径。史永高的《材料呈现》固然意味着对于建筑物质性的坚守，但更是对于材料的空间可能性的追问；朱雷的《空间操作》不再仅仅专注于抽象的思想概念或具体的物质体验，而是从设计操作的角度将二者联系起来；王正的《功能探绎》借助功能概念内在目的性的发掘，将这一议题引向对建筑形式来源及其正当性的探问；周凌的《形式阅读》以几何作为抽象形式问题的核心，追溯从古典到现在之几何观念的变迁；陈洁萍的《场地书写》不再囿于建筑坐落的客观条件，而是融入了主客体互动的观察、设计与操作。他们完成的工作虽然只是一个阶段性的成果，但已可视为某种基础性的准备。期望这套丛书的出版，能够激起更多对于建筑学基本理论的思考与研究，促进建筑学科的实质性发展。

东南大学出版社

再版说明

《空间操作:现代建筑空间设计及教学研究的基础与反思》(第一版)出版已逾五年。作为建筑学"自主性"研究的一部分,有关空间操作的概念和方法正得到越来越多的关注,而它的一个主要背景——现代建筑空间设计及教学研究的基础,也在中国被更广泛的了解,这得益于很多学者的共同工作,本书也为此提供了相应的视角和参照。

书中采用"操作"一词,意在弥补概念和实物之间的割裂,避免对现代建筑空间过于抽象的理解,于抽象思想和具体问题之间建立起双向的联系,并从中汲取动力,由此生发空间设计的创造性。也就是说:"操作"是与具体问题或想法相关的,而非玩弄手法或形式游戏,这一点需要特别指出,否则难免滥用之虞。

与此相应,当代中国的建筑实践乃至建筑教育正面临大量的挑战和问题,在各种现象交织之下,现代建筑的思想和方法在中国当代现实中仍未完全确立自己的立足点——其在多大程度上能被理解和接纳,又将在多大程度上被批判和发展,仍然值得关注。这不仅需要学术上的不断反思和重新理解,更需要对具体问题的切实关注,如此方可期待中国的建筑设计及教学研究在当代条件下走出自己的道路。

本书再版,补正了前版疏漏之处,最后一篇"空间操作练习"中补充了若干案例。其中"单一形体与空间建构练习",因后面几年的入门阶段练习已改为"院宅设计",故未再做补充。

朱 雷

2015 年 10 月

目　录

序

　　提到建筑空间是要和围合它的实体相对应，有实体就有空间感。建筑空间是"壳"、"皮"和其容器的关系，人们生活、工作在其中，是为之器。论述空间的论文甚多，作者借助抽象理论与形象思维的互动，回归建筑本体的角度解释空间，从而有助于建筑设计。建筑的外部也相对为自然和人为的空间，是为外部空间环境，只不过相对而已。讲环境科学即大范围地研究人类生存及发展。全球气候变暖的影响下，节能减排是为重中之重。建筑空间势必纳入其内，这是时代的视野。作者扩大视野突破了传统的空间论，是为与时俱进。

　　我们需要以人为本。论述空间需从整体、定位、尺度、韵律、平衡等等综合在一起。当今新的技术进步，几何形体进入到非线性形的研究，计算机辅助设计可以达到这一点，它把空间的计算不但定性且可以量化、转换和创新。

　　空间的理论是个永恒的研究课题，随着人们的认识，科技、文化的进步，将会有更新的认识和理解。

　　朱雷老师是我的博士研究生，他学习刻苦、认真，教学上取得了丰硕的成果，值得我们学习。我想教学相长，互为勉励，希望有新的成果。值此2010年新春之际，我为之序。

2010 年 3 月 8 日

前言：现代建筑空间设计及教学研究的基础与反思

现代建筑以来，空间问题已被明确提出并成为建筑学之核心。现代建筑对空间的强调往往隐含了某种抽象思想对具体实物的提升和概括，也因之造成二者之间不同程度的割裂。本书提出"空间操作"问题，正是要将抽象思想与具体问题再次结合起来，展开一种从设计操作角度进行的建筑空间研究，以此回应所谓"建筑自主性"问题，致力于建筑学自身的探讨与回归。

对于本书而言，有关建筑空间设计的研究，有两个基础或来源。

其一为现代建筑发展中有关空间形式的一系列研究。在本书中，这种研究以"九宫格"练习为代表，吸取了现代艺术发展及视知觉研究的成果，融合了"多米诺结构"和"空间构成"这两个现代建筑的基本图式，并且经由维特科维尔和柯林·罗对帕拉第奥别墅的几何分析，将其形式主义的基础追溯到文艺复兴时期，从而接续起建筑学的一个重要传统。

其二为建筑空间设计的教学实践。诚然，上述有关现代建筑空间设计的一系列研究已成为这种教学中不可或缺的一个基础，但需要澄清的是：对于本书而言，设计教学并不仅仅是一种理论或方法的应用，其自身已成为具有一定独立性的研究或创造活动。如同设计过程一样，设计教学同样建立在抽象理念与具体问题相互交织的基础上。这种具体问题，不仅仅来自于对现实建筑物的各种状态和条件的模拟，更为重要的是，它还来自于设计教学本身——教学过程中师生双方所促发的具体情境，甚至于教学媒介自身的操作。

这样两种基础的共同作用产生了本书写作的契机，并引起笔者的反思。

这种反思，一方面要求重新梳理有关建筑空间设计的传统，以呈现某种脉络，从设计操作的层面重新理解现代建筑空间对传统的变革、继承及发展。无疑，这种梳理主要以西方建筑空间设计的传统为主线，但对于本书的研究来说，有关中国建筑空间的传统一直作为一个隐含的参照——尽管目前的研究采取了一种审慎的态度，在不同背景的空间话题之间保持距离，审视差异。

另一方面的反思则来自于具体的教学操作：如何使教案中隐含的抽象思想观念与中国学生的具体现实经验之间相互交杂、碰撞和生发？如何应对不同情境下个体对建筑空间的不同理解——而不同的操作方式又如何潜在的表现乃至引起这种对空间的不同理解？

这些反思在无形之中使本书的讨论具有某种批判性，并在很大程度上促成了在各个层面上对有关"双重性"空间关系的探讨。这种"双重性"的探讨，如果再进一步，还期望能对有关不同文化和背景中的空间问题提供一个比较和转换的基础。由此，本书对空间设计操作自身进行了某种双重性的分析，提出不同操作要素的选择问题和操作机制的运用问题，进而辨析其背后所隐含的不同空间概念的差异。

为了清晰阐述以上问题，本书的篇章布局围绕三个主要方面展开：包括已有材料梳理，自身问题分析以及教学操作实践三篇。每篇均有自身的问题及不同的展开方式；在此基础上，各篇之间又相互关联和印证。这种布局使本书的阅读既可呈现为一般所谓的线性递进关系，逐层推进；又可呈现为某种多重并进的特殊关系，由多条线索相互交织——这样一种方式，不可避免会在局部有所重叠，但有利于在不同材料之间保持距离和张力，避免已有研究、理论分析、个人观点和具体实践之间尚未厘清而又不断涌现的种种纠结，由此呈现彼此之间共同和相通之处，并有助于相关研究在不同层面和角度上的开展，使不同的工作之间相互区分又彼此促动。

最后，在本书的写作中，有感于以下几点问题，需要提出并有待于继续探讨和发展：

（1）以"九宫格"为代表的抽象空间形式需要考虑与更多具体建筑问题（尤其是当下中国的现实）的结合，同时也顺应目前大学对所谓"研究性"的要求，将相关问题的研究带入空间研究中，彼此相互生发，使有关空间设计的研究处于一个常新的发展之中。

（2）对于空间设计要素与机制的双重性分析还可扩展到不同尺度、不同时代和不同文化的比较和转换之中，以进一步探讨这种双重性关系相互参照和转化的诸多可能。

（3）有关设计要素与机制的研究还需进一步与设计媒介的研究结合起来，共同发展并构成空间设计自身的基础。

绪论：空间问题的双重性以及从设计操作角度进行建筑空间研究的必要性

一、"空间"问题在建筑学中的显现及发展

"空间"一词进入建筑学的话题并成为其核心正是现代建筑开始成形之际。它的出现，与其他一些相关词汇如"设计"（design），"形式"（form）一起，构成了讨论现代建筑的新的词汇和语境 [1]。

在 19 世纪末和 20 世纪初——更准确地说，是在 1893 年，德国人奥古斯特·施马索夫（August Schmarsow）在一篇题为《建筑创作的核心》（*The Essence of Architectural Creation，Das Wessen der Architektonischen Schöpfung*）的演讲（该演讲于次年以同名发表）中，首次明确提出以"空间"（*raum*）一词作为建筑设计的核心。这一演讲在现代建筑空间问题上具有某种标志性的意义，但它远非一次偶然的事件，而是当时建筑界多种内部和外部因素影响的反映。这些不同的因素，围绕"空间"一词所具有的不可言说的潜力，使其在随后一段时间内，先是在德语国家，而后在法语、英语国家乃至全世界，逐渐成为建筑学的中心话题。

施马索夫的演讲，其直接反映的是当时美学和心理学研究的一系列成就，尤其是此前一批德国哲学家和美学家所奠定的基础，以此解释主体对艺术作品（包括建筑在内）的审美体验——其中比较重要的是 19 世纪 70 年代费希尔（Vischer）提出的移情说（Empathy，*Einfuhlung*）。这些研究继承了自康德、叔本华、尼采以来德国哲学的传统，将哲学（美学）研究中的空间概念引入了艺术研究领域。施马索夫在文章中提出"空间构造"（spatial construct）的概念，作为主体感知的内在意识特征，这一概念已远远超出了当时及随后一段时间内建筑师的理解范畴。在艺术研究领域，与施马索夫几乎同时提出的，还有阿道夫·希尔德布兰特（Adolf Hildebrand）的"空间形式"（spatial form），和李普斯（Theodor Lipps）有关移情的空间美学等。在此之后，更有阿洛瓦·李格尔（Alois Riegl），弗兰克尔（Paul Frankl）等人继续了艺术史中的空间研究工作，并对后来在建筑界广为流传的吉迪翁（Sigfried Giedion）的《空间，时间和建筑》（*Space，Time and Architecture*）一书产生了影响。

而另一方面，在建筑界，德国建筑理论家戈特弗里德·森佩尔（Gottfried Semper）提出围合（enclosure）概念，将空间的围合作为建筑的基本动机和属性 [2]。在其 1852 年的《建筑四要素》一文中，森佩尔突出强调了

建筑的围合要素——墙体。森佩尔的观点对上述希尔德布兰特和施马索夫的建筑艺术理论的发展也产生了间接的影响;不过,其直接的影响还是反映在一批实践建筑师身上。诸如维也纳建筑师阿道夫·路斯(Adolf Loos),他于1898年发表的《饰面的原则》(*The Principle of Cladding, Das Prinzip der Bekleidung*)中提出:"建筑师的基本任务在于提供一个温暖的宜于居住的空间。"[3]其他相近的影响还可见于荷兰建筑师贝尔拉格(H. P. Berlage)和德国建筑师彼得·贝伦斯(Peter Behrens)等人的著作中。此外,森佩尔的学生,维也纳建筑师卡米洛·西特(Camillo Sitte)在1889年出版的《依据艺术原则的城市规划》(*City Planning According to Artistic Principle*)一书,视城市设计为"空间的艺术"(raumkunst),将围合空间的概念进一步扩展到建筑外部空间中。

以上这些线索一部分来自于哲学、美学、艺术心理学等相关领域,另一部分则来自于建筑设计和理论领域自身。它们共同促进了现代建筑的空间概念。但从其一开始就已显示出差异。如希尔德布兰特所提出的空间是一种连续体,而施马索夫讨论的空间感知则是针对围合体量而言的,这一点又与森佩尔的围合概念相似,但出发点则各自不同。总的说来,从艺术心理学的角度出发的理解更倾向于主体对空间的内在的精神性体验,并由此提出"空间感"(spatiality)一词,以区别于一般的物质空间;而为实践建筑师所广泛接受的"围合"概念则更多保留了空间的物质性基础。在这方面,真正打破物质"围合"的概念,出现"连续"的空间,并表达出某种"空间感"的,则是美国建筑师弗兰克·劳埃德·赖特(Frank Lloyd Wright)的建筑实践,尽管赖特本人在一开始并没有使用空间一词[4]。

赖特的建筑预示着一种新的建筑空间的出现,很快为当时的欧洲建筑界所认识到,并与他们正在努力探求的现代建筑空间形式特征相符。此前的讨论——无论是来自美学或艺术心理学方面的,还是来自建筑理论或实践自身的,其所提出的有关空间的问题,都主要是为了重新总结或解释历史上的各种传统。而另一方面,19世纪末和20世纪初在艺术和技术领域出现了一些新的重大成就:主要是艺术领域出现的立体主义(cubist)绘画,和工程技术领域对钢筋混凝土框架的使用。这些新的成就,伴随空间一词引入建筑学的讨论,促成了现代建筑新的空间概念的产生。

到20世纪20年代,在德语国家,空间一词已被正在兴起的现代建筑所接受并用来表达各种"新"的观念和思想。而这一词语所具有的不可言说的潜力,又使不同的建筑师和作者拥有最大限度的自由来阐发这一新生概念。莫霍利-纳吉(Moholy-Nagy)在其著作《新视觉》(*The New Vision*)一书中曾列举了当时用来描述不同种类空间的形容词多达44个。空间一词在建筑界激发了何等的想象力,由此可见一斑。

根据阿德里安·福蒂(Adrian Forty)在《现代建筑词汇》(*Words and Building: A Vocabulary of Modern Architecture*)一书中的总结,当时建筑

界对空间概念的各种解释可作一个大致的分类 [5]：

① 空间作为一种"围合体"（enclosure），这源自于森佩尔的传统，经贝尔拉格和贝伦斯的发展，已较多为当时一般建筑师所接受，并且为路斯发展为他所称的"容积设计"（raumplan）。

② 空间作为一种"连续体"（continuum），这是当时的建筑理论界对空间问题达成的新的认识，以风格派（De Stijl）和包豪斯（Bauhaus）的里西斯基（El Lissitsk）和莫霍利－纳吉为代表，强调内外空间的连续和无限延伸。上述莫霍利－纳吉的《新视觉》一书中对这一概念有清晰的发展。

③ 空间作为"身体的延伸"（extension of the body），这在建筑界是一种特殊的理解。由身体在某一体量中想象性的延伸而感知其空间，这源自于施马索夫的理论。包豪斯的教师齐格费里德·埃伯林（Siegfried Ebeling）进一步将空间视为人与外部世界之间的一层"膜"（membrane），一种随生理感觉而连续作用的场。

在英语世界，空间一词最早出现在 1914 年乔弗莱·司谷特（Geoffrey Scott）的《人文主义的建筑学》（Architecture of Humanism）一书中。此后，直到 20 世纪 40 年代吉迪翁《空间，时间和建筑》一书的出版，空间一词才最终在随后的 50 年代至 60 年代在全世界建筑界风行开来。

法语世界的情况也与此类同。以现代主义大师柯布西耶为例：他早年的言论并没有提及空间概念；相反，他对于当时风格派和包豪斯的抽象空间概念并不认同——尽管他的多米诺体系和当时的一系列先锋作品后来被认为是代表了现代建筑空间形式的另一个重要方面 [6]。直到二战之后，他才转而引用空间一词来说明他的建筑思想 [7]。

20 世纪 50 年代，意大利建筑理论家布鲁诺·赛维（Bruno Zevi）的《建筑空间论：如何品评建筑》（Architecture as Space: How to Look at Architecture）一书，也同样明确了以空间为核心来讨论建筑问题的必要性和迫切性。

空间的话题在建筑界广泛流行，与此伴随的一个窘境却是：关于空间的概念总是缺乏真正严格的定义和深入的理解。一方面，不同的流派和观点似乎都可以任意使用空间一词来为自己解释；另一方面，继包豪斯之后的"国际式"风格之流行，伴随席卷全球的资本扩张，现代主义的空间概念又更多地被赋予一种过于简化的——抽象的、均质的以及通用的特征，而丧失了空间一词原有的多种丰富含义 [8]。

正是在这种情况下，20 世纪 70 年代以后所谓的后现代主义的建筑似乎有意要疏离空间一词，更多的关注也从"空间"转向"场所"（place）问题。但这样一种疏离与转向，准确地说，应视为是针对现代主义国际式风格所简化的抽象空间概念的。在某种意义上，重新恢复空间一词的丰富含义以及双重性特征（下文所要讨论的），则可使建筑学这一核心词汇继续发挥它的效应；并且，在各种新技术（诸如电子技术和数字媒介）所带来的社会发展中，继续触发出它所暗示的广阔前景。

以上简短地阐述了在西方现代建筑艺术和技术语境中所发展出的"空间"概念，这是讨论建筑空间问题的一个重要背景和前提，也构成了目前所讨论的许多空间问题的具体实例的来源和理论的传统。离开这一具体语境去谈论建筑空间问题，往往会失去许多细节的精确，而流于空泛和随意。

但是，从更广泛的意义来看，空间既非现代建筑所专有的话题，也非西方建筑所专有的话题。

如前所述，最早出现在艺术史研究中的空间概念，它的一个重要目标就是为了对历史上的建筑艺术进行重新认识和回顾。而自现代主义建筑引入"空间"一词以后，它也被继续用来重新解释西方建筑的历史，诸如吉迪翁在《空间，时间和建筑》一书中对西方建筑发展中的三种空间概念的总结，以及布鲁诺·赛维从空间的核心角度对各个时期西方建筑历史的重新回顾等等。从这个角度看：在现代建筑引入空间一词之前，各个历史时期的建筑中就已经隐含着各种不同的空间概念。与此相关的建筑史中的空间讨论，或者强调某一传统的延续，或者凸显不同时期空间概念的差异。而实际情况下，这些隐含的空间概念——尤其是学院派所长期形成的传统，在其后的现代主义的建筑中都以不同形式反映出来——或有承接，或有突破。这也是实际探讨建筑空间问题时不可忽视的一个方面。

另一方面，空间一词在建筑学中的讨论也扩展到西方传统之外的其他文化中的建筑传统，尤其是东方的传统——后者往往又促动或被用来引证西方现代建筑的某些空间概念，诸如赖特所受的日本传统建筑的影响以及他对中国古代思想家老子的引证等等。在这种影响和引证中，不同文化中空间概念的相似性与差异性的问题也被提了出来。继全球化的抽象空间概念之后，不同文化地域性的差异也在空间问题中得到了反映并越来越受到重视。美国学者爱德华·T.霍尔（Edward T. Hall）在《无声的语言》（*The Silent Language*）一书中，首先从文化人类学的视角，提出了不同文化差异的潜在影响，并具体比较了不同文化中空间问题的各种潜在差异。在建筑界内部，在西方的建筑学传统在全球传播之后，也开始了不同地域主义的反思。这种反思中，不同建筑文化传统中的空间概念也势必要重新挖掘和审视。

日本建筑师芦原义信（芦原義信）在 1975 年出版的《外部空间设计》（『外部空間の設計』）一书中，即比较了日本与西方（以意大利为例）建筑外部空间的差异。事实上，日本自 20 世纪七八十年代以来，已有一批建筑理论家和实践建筑师持续关注日本的建筑空间传统问题：前者有东孝光（東孝光）的《日本人的建筑空间》（『日本人の建築空間』，1981 年），吉村贞司（吉村貞司）的《日本的空间构造》（『日本の空間構造』，1982 年），神代雄一郎的《日本建筑空间》（『日本建築の空間』，1986 年）；后者则有矶崎新（磯崎新）提出的"暗空间"（闇空間）和黑川纪章提出的"灰空间"等问题。

在国内，自 20 世纪八九十年代以来，陆续有一批年青学者关注中国建筑的空间问题以及东西方的空间比较，主要的研究反映在几篇博士论文中。

有东南大学陈欣博士的《中西建筑空间观念比较研究》;清华大学朱文一博士的《空间·符号·城市——一种城市设计理论》;以及清华大学王贵祥博士的《东西方的建筑空间——文化空间图式及历史建筑空间论》等。

在这种重新挖掘与审视中,所关注的情况与现代主义早期或赖特当年已有所不同:不是直接引用老子的话来解释其自身的空间概念[9];而是要注意保持两者的差异,避免在不同的价值观和学科传统之间随意联系或画上等号。这是目前探讨建筑空间问题时,尤其是讨论西方传统之外的其他建筑文化中的空间问题时,需要十分注意并加以避免的情况。总而言之,东西方不同建筑空间概念的异同和比较是一个非常广泛和复杂的问题。在这种情况下,本书讨论的空间概念以西方主流建筑的发展为主线,有关中国传统建筑空间的问题是一个隐含的参照,而不作为直接讨论的重点。虽然如此,这种隐含的参照对本书的写作也是非常重要的,它在无形之中已使这种讨论更加具有批判性。

在这样一种情况下:与其说空间是西方现代建筑所专有的话题,莫如说在东西方各种传统建筑中,空间的问题是以一种相对稳定的状态而长期隐含着的,而现代建筑空间概念的引入,伴随同时出现的各种变革,使原本隐含的空间问题显现了出来。

而空间问题从隐含到显现,也意味着它从某种单一固定的模式走向新的更多的可能性。对它的探讨,如上所述,围绕"空间"一词所具有的不可言说的潜力,迅速成为建筑学的一个核心话题,不同的观点和流派似乎都对空间作出不同的解释。这些解释,即使在现代建筑的同一流派内部,也形成了多种复杂情况的交叉,使得空间问题的探讨呈现出不同的线索。这些不同的线索,它们相互纠缠在一起,构成了讨论建筑空间的丰富的材料,同时也在很大程度上造成了研究的困难。

二、建筑空间问题的多种解释与双重性特征

如果说建筑学的核心问题是空间的话,那么,这究竟是何种空间?

与这一问题相伴随的:一方面是对建筑学历史的重新回顾和总结;另一方面,更为重要的,则是对建筑学新的可能性的探索。而这后一种努力,在现代建筑短短一百年左右的历程中经历了各种曲折和反复,但还很难说已经穷尽。

首先从词义上看,对"空间"一词的定义就一直遭遇了极大的困难,并且从一开始就充满各种歧义(或称"多义性")。及至今日,任何试图更清晰地定义空间的努力似乎都不可避免地陷入一种"悖论"之中。

在建筑学的讨论中,最先出现在德语国家的"空间"——"raum"一词,在德语中本来就具有双重含义:它一方面与实际的物质围合有关,与"房间"(即英文中的"room")一词共用同一个词根;另一方面,它又同时表达了一种抽象的哲学概念。也许正是这一点,使空间一词最先在德语语境中进入了建筑学的讨论。

与此相比:法语中的"空间"——"l'espace"一词和英语中的"空间"

——"space"一词(两者均源自拉丁语的"*spatium*"),则都更倾向于观念上的意义,失去了德语中"*raum*"一词所暗示的物质性和精神性之间的双重关系——而重申这种由同一个词所表达的双重关系,对于理解空间,尤其是建筑空间则是非常有意义的[10]。

中国建筑界与此对应的"空间"一词,则是从日语转译而来。

在汉语中,"空间"一词由"空"与"间"两个字组合而成,这两个字在汉语中的含义是有所关联的,但又各有不同。根据"辞海"的解释如下:

"空"(kōng):① 虚;中无所有。② 空虚,广大。③ 浮泛不切实际。④ 徒然;无效果。⑤ 仅;只。

"空"(kòng):① 时间或空间的空闲之处。② 欠;缺。③ 贫穷;空乏。

"间":① 两者的当中或其相互的关系。② 在一定的空间或时间内。③ 房间。④ 一会儿;顷刻[11]。

从以上罗列的各种解释中,可以发现在汉语中这两个字义所具有的多义性和模糊性。总的说来,"空"更倾向于一种无形的概念,不与它者相干;而"间"则多少与其他事物相关,有一个相对具体的参照,但这种关系是平行的,意谓两者之间,而没有"*raum*"一词所有的围合(由周边向中心)的含义。在另一种情况下,即当"空"字的读音由平声"空"(kōng)转为去声"空"(kòng)时,其含义又发生了微妙的转变,增添了一层与其他已有事物相关的意思,在这个意义上,又更接近于"间"。

与此不同的是,在第六版的《辞海》中对"空间"一词的定义却要明确许多,引证如下:

"空间:在哲学上,与'时间'一起构成运动着的物质存在的两种基本形式。空间指物质存在的广延性;时间指物质运动过程的持续性和顺序性。空间和时间具有客观性,同运动着的物质不可分割。没有脱离物质运动的空间和时间,也没有不在空间和时间中运动的物质。空间和时间也是相互联系的。……空间和时间也是无限和有限的统一。就宇宙而言,空间无边无际,时间无始无终;而对各个具体事物来说,则是有限的。自然科学中通过量度单位的选定和参考系的建立对空间和时间进行量度……"[12]

在这一定义里,空间的含义很大程度上体现在一系列成对的关系中:空间与时间,物质与空间,有限与无限等等——以此与前述空间一词的双重性含义相对照,是不无启示的。但为了达到某种"客观"性,该定义排除了"人的意识",将空间视为一种客观存在与人的意识相对立。它反映了西方科学自笛卡儿 - 牛顿(Descartes-Newton)以来所建立的一套绝对的客观的系统,这对于当时的科学研究是一种有益的假设或称为(数学)模型;但其代价则是失去了这个词所有的生动性和感知觉基础,这对于今天大部分人文学科,以及包括当代(爱因斯坦之后)物理学在内的许多前沿科学研究,都是不够完整也不够准确的,只具有一定条件下的相对意义。

与此相对照，互联网上的《维基百科全书》(*Wikipedia, the free ency-clopedia*)，对空间(space)一词的讨论一度曾难以达成一个统一的定义："在人类的大多数历史中，空间是哲学家和科学家关注的一个问题。在不同的学科，这个词的使用有所不同，因此如果脱离特定学科语境的话，是难以对它作出一个没有争议的明确定义的。"接下来，分别从哲学、数学、心理学、物理学等角度进行了不同解释；并且，在每个学科内部，又作了各种不同的区分。[13] 这些解释是由互联网上的众多读者在反复讨论中不断修改的，尽管并非权威，却即时反映了一般的情况，表达了一个更广泛层面上，对空间一词所曾具有的理解。

一直以来，在西方文化中，空间都是作为一个重要的哲学概念而存在。在两千多年中，随着人类认识的深入，历经柏拉图、亚里士多德，以及笛卡儿、牛顿、莱布尼茨、康德，其内涵不断发生变化。而自爱因斯坦的相对论以来当代科学的发展，包括量子科学、宇宙大爆炸理论以及信息技术等，更对传统的时空观念提出了新的挑战。当代的一些思想家，诸如海德格尔、勒菲弗尔、福柯、德勒兹等人，也从新的角度对空间问题作出了批判或解释。总的来说，迄今为止的哲学和科学成就，尤其是近代以来的发展，已使有关空间和时间的认识远离了任何一种绝对性的概念，转而呈现出一种相对性和多元性(差异性)[14]。

有关哲学上的空间观念与建筑空间的种种关系，建筑理论家诺伯格 – 舒尔兹(Christian Norberg-Schulz)的工作提供了一个典型的例子。在其《存在·建筑·空间》一书中，舒尔兹坦承海德格尔存在哲学的关键性影响，并试图将其思想应用于相应的建筑空间研究中。在书中，他对各种空间作了一个非常详细的区分，对空间问题的多样性进行了某种概括，并试图将其纳入一个完整的等级化的体系中。这一体系共分五类空间：肉体行为的实用空间(Pragmatic Space)；直接定位的知觉空间(perceptual space)；环境方面为人形成稳定形象的存在空间(existential space)；物理世界的认识空间(cognitive space)；纯理论的抽象空间(abstract space)。这五类空间是分等级的，以实用空间为底边，以理论空间为顶点，逐步抽象化。此外，舒尔兹还提出人类所创造的表现空间或艺术空间(expressive/artistic space)，同认识空间一样占据着仅次于顶点的位置，这其中就包括建筑空间(architectural space)；而描述表现空间(建筑空间)的则称为"美学空间"(aesthetic space)，与理论空间相对应，同样处于顶点的位置，这就是建筑理论家或哲学家的任务[15]。为此，诺伯格舒尔兹建立了一套完整而庞大的理论体系，以期建立一种稳定的空间"图式"，在以人为中心的主体化世界与外部环境之间建立稳定联系。不过，正如上文所指出的，当代的发展，已不再有任何一种绝对稳定的体系，包括人的主体在内的整个世界都经历了前所未有的"非中心化"(decentering)趋势。

对于一般具体建筑空间的研究来说，典型的困难则在于两种完全不同的空间概念之间的混淆：一种是哲学或观念意识中的抽象的理论空间，另一种是实际使用和感受的物质空间。即：空间既是现实世界的具体事物,有着维度和尺度的度量,可由建筑师来设计创造;同时又是人类意识的某种特性,通过它来认识世界,因而又完全外在于建筑操作的领域。这种两难的处境正回应了前述德语"raum"一词所显示的双重含义,而这一双重含义,具有某种根本性的意义。

也正是在这个意义上,当代法国哲学家亨利·勒菲弗尔(Henri Lefebvre)在其著作《空间的生产》(*The Production of Space*)一书中,区分了两类空间:一类是由意识感知的空间;另一类则是"活的"(lived)由身体感知的空间。作为一名哲学家,勒菲弗尔继承了西方马克思主义学说的社会批判传统,开展了对自包豪斯以来的现代建筑的"抽象空间"的批判,提出了一种在动态历史过程中进行的"空间的实践"问题,以此统一物质性和精神性空间之间的矛盾。

该书写作于 1974 年,书中提出的有关空间双重性及实践性的问题,对建筑学是不无启示的。这种启示,在建筑师伯纳德·屈米(Bernard Tschumi)早年的文章中,得到了很好的回应。作为一名建筑师,在当时(20 世纪 70 年代)后现代主义条件下图像和场所等各种问题纷纷登场之际,他坚持抽象概念和空间的研究,并首次认识到空间问题的特殊性在于它既是一种概念(所谓"空间性",spatiality),又是某种实际体验;而这也正是建筑学所面临的一个根本性的问题。"我所要争辩的就是建筑学的这样一种重要时刻——它同时决定建筑学的生或死——在这一刻,空间的体验(experience,现实物质性的,笔者注)成为其自身的观念(concept,抽象精神性的,笔者注)"[16]。

同样,诺伯格-舒尔兹在其晚年的著作中回顾现代主义建筑运动,也提出了有关"思想"(thought)和"感觉"(feelings)两个方面的问题。并以切身感受的包豪斯教育为例:尽管包豪斯的一个基本目标就是要将艺术建立在科学的基础上,并将时代精神与个人创造结合起来——但实际的教学中,有关艺术方面的教学还是无助于实际的建筑设计,而后者往往摆脱不了一种功能主义的路子[17]。

这里已显示出空间问题的一种双重性:一方面是抽象的概念和理论;另一方面是具体的实物和体验。而这种双重性,也正是建筑学所特有的,标明了建筑空间研究与其他那些空间研究——无论是抽象的空间形式或概念,还是具体的物质或感知空间——之间的一个重要差异。它以一种建筑学所特有的方式反映出空间的双重性——在抽象和具体之间的双重对话和转换——而这一点,已比任何单方面的研究更容易接近"空间"(raum)一词的本质。

三、从设计操作角度出发的建筑空间研究

与空间的这种双重属性相对应,建筑空间的研究中也存在这样两种不同的途径:一种是有关空间理论的研究,它往往借助于其他学科的发展,诸如哲学、艺术、数学等,来发展或解释空间的概念,继而可能影响到建筑学的空间设计;另一种则是有关具体建筑实物的研究,尤其是新的

技术材料和社会环境问题所引起的建造和使用方式的变化,这些研究也往往引起对建筑学中空间概念的讨论。

这样两种研究角度,其出发点往往都超出建筑学本身的范畴之外。它们为建筑学从外部汲取动力,而建筑学的一个基本任务则是要将这些外部的促动因素与建筑学的某种"内在性"(interiority)结合起来。最终将抽象的空间概念体现为现实的建筑实物;或从具体建筑物的建造和使用方面发展出抽象的空间形式。

这正是建筑学科的核心所在。精神和物质、艺术和技术、抽象与具体——这些双重性的特征并不是割裂,而是相互结合和转化。关于这一点,现代建筑早期的很多空间问题,已经提供了很好的例证;并且其中不少问题,尽管早已提出,但都远远没有完成或者穷尽。

风格派的发展就是这样一个例证。立体主义之后的一些艺术探索与某种新柏拉图的神秘主义哲学思想结合,形成了荷兰的"新造型主义",这是风格派的一个主要来源。在其发展中,尽管一开始也借鉴了某些实践建筑师的探索——例如赖特建筑的某些影响,但其发展道路越来越倾向抽象的形式和空间概念,而远离物质性基础,这一方面造成了其内部的分裂,以罗伯特·凡特·霍夫(Robert Van't Hoff)为代表的一批从业建筑师离开这个团体;另一方面,其自身的发展也很难走得长远。在其著名的代表作品——施罗德住宅中,形式构成基本脱离了内部空间使用和实际结构,而趋向于抽象的形式。自此之后,风格派的大多数成员也逐渐放弃了原来的原则。整个运动从开始到最终的分崩离析,其过程不到15年。

与此相对的另一个例子则是钢筋混凝土框架的发展,它代表了新材料和技术发展所产生的变革。技术上的这种变革在19世纪末美国的芝加哥学派就已得到大规模的应用。但在芝加哥,框架的应用更多的是从工程师的角度解决通用的实际问题,建筑设计更多地屈从于商业主义;而没能进一步发掘这种简单的框架网格中所蕴涵的空间的丰富性。正如柯林·罗(Colin Rowe)在《芝加哥框架》(*Chicago Frame*)一文中所指出的那样:在芝加哥,框架只是作为一种既成事实被接受,而没能作为一种思想或概念[18]。直到现代主义建筑大师勒·柯布西耶(Le Corbusier)于20世纪20年代提出的"多米诺"(Dom-ino)体系,才真正将框架结构上升为一种新的思想,从而带来了空间设计的变革。

以画家为其另一身份的柯布西耶,对社会问题和技术问题也投入了同样的激情。在他身上,经常反映出艺术和技术的双重影响,这是不无启发的。在他随后的探讨中,由框架结构与空间限定构件分离引起的各类建筑构件在功能上的重新分化和组合,由此提出"新建筑五要素"的主张:新的技术和形式打破了旧有的建筑体系,瓦解了传统的建筑要素,柯布西耶则根据不同方面的需要将其重新分门别类而组成一系列新的系统性要素——当它们相互叠加、交织或穿透在一起时,则产生了丰富的空间。而这一点,正如荷兰代尔夫特大学的设计分析研究所指出的,在其后的专业分工的过程中,则似乎被遗忘了[19]。

一个时期以来,由现代社会分工和学科分野所形成的不同的专业方向,已经在很大程度上影响了建筑学的研究方式。越来越多的研究开始将视野投向传统建筑学之外的领域,借助于其他学科的发展,在建筑界出现了不同的"主义"(–ism)和流派,这些无疑开阔了建筑学的视野,但同时也对建筑学自身的学科性形成了巨大的挑战。围绕在空间周围的这些不同线索和彼此间的差异如何能够成为建筑学继续发展的资源而非造成专业间的堵塞和割裂?对这一问题的解答不能仅仅依靠建筑学外部的一些空间讨论,还需要有同样的工作关注于建筑学内部的空间问题。

　　与前述两种研究途径不同,近年来,在一些新的建筑研究中提出了建筑学自身的语言及自主性问题。诸如彼得·艾森曼(Peter Eisenman)在20世纪六七十年代的建筑形式操作研究中提出的建筑学的"内在性"(interiority)和"自主性"(autonomy)的问题,将主体因素与物质功能因素等与建筑自身的形式操作相对剥离。再如80年代初期由比尔·希利尔(Bill Hillier)等人提出的"空间句法"(space syntax)研究,将建筑作为一种结构组织或配置(configuration),以空间的拓扑关系分析为基础,从而无需借助于建筑学外部因素,建立一套依靠建筑自身现象的研究方法,力图为建筑学找到一种自身的语言。

　　埃森曼和希利尔的研究在某种程度上反映了当代结构主义的思想和方法,具体来说:前者在早期受到诺姆·乔姆斯基(Noam Chomsky)的结构主义的影响,提出了"深层结构"(deep structure)与"浅层结构"(surface structure)的问题,开始关注句法关系(syntax)而非语用意义(semantic);后者则受到结构人类学家列维·斯特劳斯(Levi Claud Struss)的影响。

　　在埃森曼的研究中,与上述"内在性"、"自主性"同时提出的,还有建筑的"先在性"(anteriority)问题。将建筑学研究的视线引向其自身的传统,并且试图将其作为当前设计操作的成分而产生批判性[20]。

　　与此相应的则是开始于20世纪60年代末,由阿尔多·罗西(Aldo Rossi)和G.格拉西(Giorgio Grassi)等人所代表的意大利"新理性主义"(Neo – Rationalism)和"类型学"研究[21]。受其影响,卢森堡建筑师罗伯特·克里尔(Rob Krier)提出"空间类型学":认为空间的基本类型不外乎方形、三角形、圆形、自由形——这些基本类型经过叠加(addition)、贯穿(penetration)、扣接(bucking)、打破(breaking)、透视(perspective)、分割(segmentation)、变形(distortion)等操作,则产生丰富的变化[22]。在克里尔80年代末出版的《建筑构图》(Architectural Composition)一书中,围绕"形式"问题,除了与"功能"和"构造"关系的交代外,"要素"、"比例"这些建筑学的基本传统被再度重点提起。

　　相应于国际上的这些不同研究趋向,在国内,空间研究也注入了不同学科新的发展因素。这一点,近年来在有关城市和区域等更大范围的空间研究中表现得尤为突出。与此同时,在笔者曾经就读的东南大学建筑研究所,由齐康教授主导的有关建筑和城市形态探讨,自20世纪80年代以来就一直持续着。在这些探讨中,近来也不断提出关于建筑学"本体"的"回归"问题[23]。

在这个意义上,本书的写作更倾向于一种建筑学自身的方式。书中探讨的角度,既不是单纯的空间理论和概念——它们往往要借助于其他学科的知识来进行研究;也不是具体的建筑实物——这往往会导向一种纯粹技术主义或实用主义的态度;而是力图更贴近建筑学科自身的特征,从建筑设计操作的角度出发,将上述两者相互结合起来,来探讨空间问题。以建筑空间设计为研究对象——这正是联系抽象思想与具体实物之间的一个桥梁,显示出一种基本的双重性特征。

2000年,在荷兰代尔夫特举办了名为"以设计为研究"的国际会议,区分出 "以设计为研究"(research by design)与 "以研究而入设计"(research into design)两种不同方向。在这个会议上,英国谢菲尔德大学教授杰米尔·提尔(Jeremy Till)提出建筑学"以设计为研究"的两种特殊力量:"第一个力量是:设计行为是一种综合化的研究行为,通过它,新的知识形式被创造了。……第二个力量是:设计行为是具有偶然性的。我认为建筑设计的一个可见的前景就在于它的真实的偶然性。建筑学总是向不确定敞开。"[24]

有关"设计"(design)一词,与"空间"(space)一样,都是在现代建筑的发展中成为了建筑学讨论的核心话题。霍华德·罗伯逊(Howard Robertson)于1924年写的代表性著作《建筑构图》(*Architectural Composition*)一书,当它于1932年重编再版时,书名即改为了《现代建筑设计》(*Modern Architectural Design*)[25]。

根据福蒂在《现代建筑词汇》一书中的总结,设计一词有以下的含义。作为动词,它表示某种行为,为了物体制造或房屋建造而准备一些指示(instructions)。作为名词,它又有两种理解:一种理解来自于意大利语中的"*disegno*"一词,表示绘图(drawing)——即上述的那些"指示"本身;另一种理解则表示根据那些"指示"建成的作品本身(executed works)。无论哪种含义,在"新柏拉图式"(Neo-Platonic)的理解中,重要的一点是:它代表了对某种智力概念的视觉表达。这一点,使得现代主义者得以区分和表达建筑作品的两种属性:一种是实际的物质性体验,另一种是对某种隐含的思想或形式的再现。这样一种双重性,使得它与"空间"和"形式"(form)等词汇一起,构成现代建筑的核心话题[26]。

"设计"一词所具有的这种联系概念与实物两方面的含义,也是16世纪意大利文艺复兴时期的建筑师所特别关心的,并且在那个时候就已经被广泛接受。这实际上已涉及建筑学科和职业的一种基本特征:它不再等同于中世纪的工匠,而是要突出表达某种形式思想或概念,并使之最终付诸于实物。福蒂在上述书中特别指出,设计一词对于现代建筑的特别意义,还在于建筑教育模式的转变中:此前,除了法国的学院派之外,建筑师的训练主要是在具体实践中进行的;而现代建筑教育改变了这一点,它更重视教授"原则"(principle),而取代了直接的"实践"(practice)——与此相应,建筑教学的产品也是"建筑图"(drawing)而非建成的房屋。在这种情形下，"设计"一词已不仅仅代表从房屋到概念之间的一种转换，而且其自身已发展出某种自我完善的体系[27]。

与"设计"一词所具有的这种双重性相对应，对有关建筑空间设计也可以有两种理解。

一种理解是将空间设计视为建筑生产和创造的过程，是介于抽象概念和具体实物之间的一种媒介——它在两者之间相互联系和转化：使抽象的空间概念成为现实的建筑实物；或将具体建筑物的实际需求（包括技术和使用方面）表述为某种空间形式。这两方面的相互转换关系无疑是建筑空间设计研究的一个基本方面。在本文的讨论中，将在很大程度上借助于这一双重性的转换过程。以此考察空间设计的发展，可以发现：当新的思想或技术发展带来新的空间设计方法时，总是不断表现出这种转换，从而最终促成一种新的空间操作的模式。

另一种理解则是将空间设计本身作为一种相对独立的对象，研究其自身的一些基本特征。空间设计要得以进行，将抽象的概念和具体的房屋这两方面的因素联系起来，就必须有一套自身赖以成立并维系的体系。这一研究涉及建筑学内在的自律性及基本传统——而空间设计的研究无疑将继续依赖并发展这些基本传统。在本文的研究中，这方面的内容形成了关于空间设计操作"要素"和"机制"的分析。

这两种理解相辅相成，共同构成了本书的视角和框架。

四、建筑空间设计的相关传统及基础

传统的学院派建筑，到了 19 世纪末 20 世纪初，已形成一套非常明确的学科体系。其中虽然没有明确提出空间设计一词，但其中隐含着的相关概念和方法却在无形中产生了长久的影响——尽管这种影响在另一些时候也表现为现代建筑对它的种种批判。在 20 世纪初，由巴黎美院的教师于连·加代（Julien Guadet）对学院派传统进行了整理，其中明确提出"构图要素"（elements of composition）的概念，隐含了将空间作为功能体量的设计方法，这一方法持续影响了后来现代主义的许多设计，包括现代主义大师勒·柯布西耶和沃特·格罗皮乌斯（Walter Gropius）等人[28]。这无疑是讨论空间设计的一个潜在的基础。

就现代建筑空间设计而言，自 20 世纪 20 年代至 30 年代以来 "空间"和"设计"这两个词汇就已开始在现代建筑界被广泛使用，与此同时，现代建筑发展中出现了一些空间设计的新的方法和原则。这些新的方法和原则对现代建筑的发展无疑产生了很大的影响，但对它们的一个深入的认识和系统整理，却是在一段时间以后才得以进行的，并完整地体现到建筑教育中。此前，在包豪斯的现代建筑教学中，有关新的空间方面的内容主要体现在低年级的基础训练中，但在其后的发展中，功能主义的方法在现代建筑设计及教学中占据了主导的地位，而缺乏对形式空间问题的进一步探讨和明确指导。

在这种情况下，20 世纪 50 年代，柯林·罗等人开启了战后的形式主

义研究,对当时以格罗皮乌斯为代表的功能主义的"泡泡图"(bubble diagram)模式形成了批判。在美国的得克萨斯,一批年轻人重新审视现代主义建筑的传统,探索和改革教授现代建筑的方式,他们后来被称为"得州骑警"(Texas Rangers)[29]。"得州骑警"以探讨如何教授现代建筑为目标,其现代建筑及空间的教学,具体体现为对一系列的设计过程和设计练习的重视,以此训练学生理解和掌握现代建筑。在这些设计练习中,对后来的建筑空间设计教学较有影响的,有著名的"九宫格练习"(nine-square problem),还有"建筑分析练习"(analysis problem)等。

在得克萨斯建筑学校改革之初,其主要召集人伯纳德·郝斯里(Bernhard Hoesli)和柯林·罗回顾现代主义的发展,即明确了以赖特、柯布西耶和密斯等人的形式系统为参照,并特别提出了两张图:柯布西耶的框架结构("多米诺")和提奥·凡·杜斯堡(Theo van Doesburg)的空间构成,以此代表自20世纪20年代以来现代主义的成就[30]。

这两张图,可视为现代主义建筑形式空间设计的两个基本"图解"(diagram)。

柯布西耶的"多米诺结构",反映了一个时期以来新材料和技术发展的成果,并将其与抽象的形式空间设计联系了起来。钢筋混凝土框架的应用打开了封闭的承重结构,体现出一种水平性和开放性。结构和空间围护得以分离,在一种规则的结构骨架单元中蕴涵了空间设计的自由——由此带来一系列新的变革,诸如"新建筑五要素"和"构图四则"等。这代表了现代建筑空间设计的一类重要方法和模式。

凡·杜斯堡的"空间构成",反映了现代艺术抽象的形式空间概念。与"多米诺"结构不同,这里的空间限定构件与建筑结构构件合二为一,在三维空间方向相互分离继而彼此穿插,打破了传统"立方体盒子"(cube)的固定界限,联系了内外两边,表达出新的连续空间的概念。与这一概念相关的,除了以凡·杜斯堡为代表的风格派运动外,还有赖特早年的建筑实践,以及构成派和包豪斯的很多空间形式构成方法。这代表了现代建筑空间设计的另一类重要方法和模式。

而由"得州骑警"发展起来的"九宫格练习",则以一套明确的教学设定综合了"空间构成"和"多米诺"结构这两个现代建筑早期的重要图式,并反映了柯林·罗等人对形式主义研究(包括立体主义、格式塔心理学,和手法主义的几何组织等)的关注,由此形成了战后现代主义(也被称为"高级现代",high modern)探讨的基础。其影响一方面反映为以"纽约五"(New York Five)为代表的一批建筑研究和实践;另一方面还反映为世界各地建筑教学中广泛采用的"装配部件"(kit of parts)式的练习方法。这两方面已经构成了目前建筑空间设计研究的重要传统和基础。

最近一个时期以来,诸如前文所述,在后现代主义思潮以及其他相关理论和技术发展的影响下,建筑设计的讨论出现了越来越多元化的情况,而大学对研究性任务的强调也促使越来越多有关设计的探讨趋向科学技术或历史理论的研究。而另一方面,有关"九宫格"问题在一般的理解中又有一种过于抽象和简化的趋势。在这种情形下，由"九宫格练习"所代表的形式空间研究线索，配合有关建筑学本体及自主性的讨论，还需要重新回顾和进一步研究，并将其与各种具体问题的讨论联系起来，以发挥新的作用 [31]。

以上这些构成了讨论建筑空间设计的基础材料，也是本书上篇的主要内容：从建筑设计操作的角度，重新回顾和整理有关空间设计的一些重要渊源及其演变，包括学院派的"构图要素"，以"多米诺结构"和"空间构成"为代表的现代建筑的两种空间设计图式，以及"九宫格"的综合和后续发展等等。以此梳理出空间设计操作的若干模式，在抽象形式概念和具体物质功能之双重关系中，展现其内在的种种演化和转变，并为下文的分析和应用提供基础。

五、建筑空间设计的自身分析：要素与机制

在上述空间设计基础材料的梳理和比较中，涉及有关抽象概念和具体物质之间的双重性问题，这无疑使空间设计成为介于两者之间的一个必要的过程或媒介，并促成了各种设计模式的演变和转化；而另一方面，空间设计本身也形成了一套不断自我完善的内部系统，与建筑学的发展相伴随，并成为其自身传统的一部分。在这个意义上，空间设计成为一种相对独立的研究对象，可对它进行分析和研究。这样一种分析和研究，涉及一些建筑学的学科本原，从而在更基本的层面上，使建筑空间设计的研究区别于任何从其他角度出发的建筑空间研究。

自文艺复兴以来所逐渐建立的图示语言系统，使建筑空间设计有了自身的语言。如同任何语言一样，它既是一种媒介，将抽象的思想与具体实物联系起来；又是一种自身存在，通过某种自律性使空间设计问题自身获得了独立存在和讨论的基础。有关建筑图的研究，建筑理论家罗宾·埃文斯（Robin Evans）做了大量开创性的工作，已使之成为一项独立的研究内容。本书的探讨也在很大程度上借助于包括图纸在内的各种设计工具展开，但限于这方面的研究深度能力和篇幅所限，不再作专项展开。

与这样一套图示表达工具相对应的，则是一套作为基本操作素材的要素和操作方法的机制——由此展开设计活动。其中"要素"有关空间设计的操作材料；"机制"则是有关空间设计的操作线索及影响因素。正是在这里，建筑学的学科基础得以显现和发展，它同样关系到建筑学自身的语言问题，是建筑学保持自身相对独立性的基础和条件，并形成内在的传统。

这方面的传统同样可以追溯到文艺复兴以来建筑学科的建立。而法国的学院派，最早将其系统地运用到建筑设计教学中。19 世纪初，法国综合工科学院的建筑学教师 J.N.L.迪朗（Jean-Nicolas-Louis Durand），对当时巴黎美院的学院派建筑教学进行理性归纳和重新整理，发展出一套新的教学方法，提出"要素 - 构图 - 功能分析（类型）"（element-composition-function analysis）三大基本问题，以取代原先弗朗索瓦·布隆代尔

（Jacques-Francois Blondel）的"装饰－构造－配置"（ornament-constriction-distribution）三大要点。迪朗的思想，到了 20 世纪初，在巴黎美院的教师于连·加代（Julien Guadet）开设的课程"建筑学要素及理论"中得到了进一步应用和发展。在这里，加代提出了"两类要素"：一类是所谓"建筑要素"（elements of architecture）；另一类是所谓"构图要素"（elements of composition）。

在 19 世纪末的学院派传统中，构图（composition）一词已经占据了中心的位置。与构图并用的则是设计一词，两者之间是可以互相替代的。这一情形到了 20 世纪 30 年代发生了变化，现代主义者更多地使用设计一词，而开始反对构图一词[32]。新的有关设计的讨论往往围绕某种"原理"（principle）展开，表现为其后一系列有关建筑与空间设计的原理及分析。

将建筑作为各分离的部分再加以组合的思想，被理论家考夫曼（Kaufmann）视为新古典主义的一大特征和传统，并指出它在 20 世纪仍然继续重现。这一传统，其中隐含的空间设计问题，在本文的分析中，一方面体现为一套作为基本设计素材的要素（element）；另一方面则是其组合（早期也称构图）机制（mechanism）。

对应于这一基本传统，一方面，现代主义的发展打破了许多原有的要素，重新确立或形成了一些新的"要素"——诸如柯布西耶的新建筑要素，抽象的"点－线－面"要素（瓦西里·康定斯基，Wassily Kandinsky）以及所谓"要素主义"（以风格派的一些主要人物为代表）的主张；与此相伴随的，则是更多有关功能性和技术性因素的考虑，配合新的空间形式探讨，产生了探讨设计机制问题的更多可能，而非仅仅是"构图"或传统的形式与功能一致性的问题。

另一方面，在现代建筑的发展中，正如类型学研究所揭示的那样，仍然存在着一些基本的要素，构成建筑空间的基本类型。对此，20 世纪 80 年代，挪威学者埃文森（Thomas Thiis-Evensen）在类型学的基础上，写了《建筑原型》（*Archetype in Architecture*）一书，从"存在性表达"（existential expression）和"共同体验"（shared experience）出发，再次论述了"地面－墙体－屋顶"等基本原型和要素的各类表现[33]。

在 20 世纪 90 年代，美国麻省理工学院的威廉·J.米歇尔（William J. Mitchell）发表了《建筑的逻辑：设计，计算和认知》（*The Logic of Architecture: design, computation and cognition*）一书，在电脑辅助建筑设计（CAAD）研究中对建筑的基本逻辑进行了深入的探讨。该书重新追溯了迪朗－加代的传统，并在建筑和语言之间建立了一层关系，将建筑要素比作词汇，认为这些要素必须加以组合，以满足建筑用语与"建筑体系"的需求[34]。该书中指出：建筑语言的发展体现在要素及其组合方面，有两种基本情况：一种是引入"新要素"；另一种则是用"新方法"使用"旧要素"[35]。

20 世纪 90 年代末，由荷兰代尔夫特建筑学院的伯纳德·卢本

(Bernard Leupen)等人所著的《设计与分析》(*Design and Analysis*)一书，提到"建筑体系"的问题，并以考夫曼和米歇尔的研究为例。该书以"要素"、"组织秩序"，以及相应的设计"工具"等问题，来形成对"建筑体系"的分析；并将建筑作为"空间和物质的组合"加以分析。这些做法，在一定程度上延续和发展了自 20 世纪 60 年代以来设计分析和形态分析的基本概念和传统 [36]。

在国内，相应的工作体现在一些设计原理的探讨上，如 20 世纪 80 年代初出版的天津大学彭一刚教授的《建筑空间组合论》，东南大学(原南京工学院)鲍家声和杜顺宝教授编著的《公共建筑设计基础》，清华大学田学哲教授的《建筑初步》等，都涉及空间设计的一些基本问题。其中彭一刚先生的《建筑空间组合论》一书，更是明确以空间一词为核心，进行了某种系统化的探讨，在此后相当长的一段时间内产生了很大的影响。

在东南大学建筑研究所，由齐康教授主导的有关建筑学"本体"的问题伴随一些基本问题的研究而逐步展开。自 20 世纪 90 年代以来，陆续有一批关于建筑和城市空间设计的基本"要素"和组织方法的研究论文 [37]。

以上这些构成了本书建筑空间设计自身分析的基础和内容，即本书的中篇：追寻有关基本要素及其组合机制这两条相互联系的主要线索，发展传统的要素组合概念，并探讨它在现代建筑条件下产生的各种发展和转变(包括新的要素和构成机制)。在这种探讨中，尝试以一种双重性的思路提出新的理解，对上篇的传统基础进行分析，并为下篇有关空间设计的教学实践研究提供概念和方法。

六、建筑空间设计研究与教学实践

空间设计研究涉及的一些建筑学基本问题，往往直接与建筑教学相关。本书突出了从设计角度出发的建筑空间研究，与建筑设计教学之间的平行关系：一方面，教学可视为空间设计研究的应用和检验；另一方面，教学本身也成为一种研究，并促动和推进相关理论研究。两者之间构成一种双向的互动关系。

在上述有关空间设计的讨论中：最早迪朗对新古典主义设计方法的整理和总结，就是为了综合工科学院建筑教学之特殊需要而作；相应的工作在巴黎美院最后一代的教学大师加代身上也有同样的反映；现代主义的许多空间设计问题，在包豪斯的基础教学中也已初现端倪；这一工作在战后对现代建筑的重新诠释中被再度提起，以"得州骑警"为代表，从教学的角度对现代建筑形式空间设计的一些基本问题作了重新探讨，这些探讨，在随后一段时间内，在世界各地的许多建筑学校得到了发展。以上这些，都已经构成了今天讨论建筑空间设计及教学研究中不可回避的一个基础。

与此相应，在国内，学院派的传统在某种程度上延续了下来，并对空间设计方法产生了潜在的长远的影响。前述彭一刚先生的《建筑空间组合论》一书,即在很大程度上体现了这一传统,并将它与现代建筑中出现的某些新的空间概念结合起来。此前,冯纪忠先生在 20 世纪 60 年代初期,针对过去以建筑类型为主线的设计原理和教学,提出了一些设想,并在同济大学进行了教学实践,这就是后来被称之为"空间原理"的建筑空间组合设计原理[38]。在东南大学(原南京工学院)建筑系,自 20 世纪 80 年代以来,接受当时国际交流的影响,也开始在低年级的基础教学中采用空间一词作为设计教学的核心,取得了新的进展,当时在国内产生了较大影响。随后的一段时间内,空间教学逐渐在建筑设计教学中被明确地提了出来,传统以建筑功能类型为主的教学也开始转向空间类型,或将两者进行结合。

在这种情况下,以东南大学为例,目前建筑设计课程中有关空间问题的教学设置和组织,其影响主要有两个方面:一方面是源自于学院派传统的潜在影响;另一方面则是自 20 世纪 80 年代瑞士与苏黎世联邦高等工科大学(ETH)的交流所引入的一些方法,实际上是承接了以"九宫格"等练习为代表的"得州骑警"的影响。这两方面的影响在目前的各种新情况下都面临一个反思和发展的问题。与此相应,在空间教学的实践中,也不断涌现各种具体问题,提供了大量的一线实践素材,并促发对空间设计的各种问题的探讨。

在目前东南大学建筑系(二年级)的入门建筑设计课程中,一段时间以来已明确以空间为主线进行教学设置和组织。主要的几个练习设置中,由浅入深分别为:单一形体与空间;单元空间组织;以及综合空间等基本类型,并与不同的功能 – 场地 – 材料结构要求相配合。在这样的背景下,笔者持续参与了若干年的教学实践,并在最近的工作中,与相关教师一起,对有关建筑空间教学的设置和操作进行了一定的整理与反思。

以上这些构成了本书建筑空间教学实践与研究的基础和内容,即本书的下篇:以东南大学建筑设计入门(二年级)的三个建筑设计练习为例,以空间为主线,结合诸多因素,对有关建筑空间的教学实践进行整理,将其与前两部分有关建筑空间设计的传统基础和自身分析相互对照、应用和检验。

注　释:

1　参见:Adrian Forty, *Words and Buildings: A Vocabulary of Modern Architecture* (New York: Thames & Hudson, 2000), 149.

2　森佩尔的这一提法很可能受到黑格尔的《美学》的影响,参见:*Adrian Forty, Words and Buildings: A Vocabulary of Modern Architecture* (New York: Thames & Hudson, 2000), 257.

3　Adolf Loos, *The Principle of Cladding, in Max Risselada, ed., Raumplan Versus Plan Libre* (New York: Rizzoli, 1988), 135–145.

4　直到 1928 年后,也许是反过来受到欧洲观念的影响,赖特才以"空间"一词来解释他早年的创作。参见：Cornelis Van de Ven, *Space in Architecture* (Assen, The Netherlands: Van Gorcum, third revised edition, 1987), 142–144.

5　Adrian Forty, *Words and Buildings: A Vocabulary of Modern Architecture* (New York: Thames & Hudson, 2000), 266.

6　在 20 世纪 50 年代，柯林·罗和斯拉茨基合作的《透明性》(*Transparency*)一文，分别以包豪斯和柯布西耶为例，区分了深空间和浅空间，并提出了两种"透明性"的差异，这对于二战后的建筑空间研究和教学产生了很大的影响。详见：Colin Rowe and Robert Slutzky, *Transparency*, with a Commentary by Bern Hoesli and an Intro. by Werner Oechslin, trans. Jori Walker (Basel; Boston; Berlin: Birkhauser, 1997).

7　参见：Cornelis Van de Ven, *Space in Architecture* (Assen, The Netherlands: Van Gorcum, third revised edition, 1987), 190.

8　有关现代主义的抽象空间和全球资本主义的关系，可见法国哲学家亨利·勒菲弗尔的著作：《空间的生产》(*The Production of Space*)。本文的资料来源为：Henri Lefebvre, *The Production of Space* (Extracts), in：Neil Leach, ed., *Re-thinking Architecture: A Reader in Cultural Theory* (London: Routledge, 1997), 139–146.

9　事实上，赖特对老子及其"空间"概念的理解是从西方文化角度出发的，而无需真正理解其背后的中国道家思想，其理解更多地是为了引证自身的建筑观，而未必准确体现老子原意。

10　参见：*Alexander Caragonne, The Texas Rangers: Notes from an Architectural Underground* (Cambridge, Mass.: The MIT Press, 1994), 158.

11　辞海编辑委员会.辞海.6 版.上海:上海辞书出版社,2010:878,1040,1047.

12　辞海编辑委员会.辞海.6 版.上海:上海辞书出版社,2010:1041.

13　http://en.wikipedia.org/wiki/Space(2006 年查阅)

14　汪原.迈向过程与差异性——多维视野下的城市空间研究:[博士学位论文].南京:东南大学建筑系,2002:1-33.

15　[挪威]诺伯格-舒尔兹著;尹培桐译.存在·建筑·空间.北京:中国建筑工业出版社,1984:7-8.

16　Bernard Tschumi, *Architecture and Transgression*, in: Bernard Tschumi, *Architecture and Disjunction* (Cambridge, Mass.: The MIT Press, 1994), 74.

17　Christian Norberg-Schulz, *Architecture: Presence, Language & Place* (Milan, Italy: Skira Editore, 2000). 7-8.

18　Colin Rowe, *Chicago Frame*. in: Colin Rowe, *The Mathematics of the Ideal Villa and Other Essays* (Cambridge, Mass.: The MIT Press, 1976), 89-117, 99.

19　[荷]伯纳德·卢本等著;林尹星译.设计与分析.天津:天津大学出版社,2003:116.

20　[美]彼得·埃森曼著;陈欣欣,何捷译.彼得·埃森曼:图解日志.北京:中国建筑工业出版社,2005:37.

21　埃森曼和罗西、格拉西等人的研究皆重新回应或发展了现代主义早期(20 世纪 30 年代）的意大利理性主义传统，尤其是建筑师吉斯普·特拉尼(Giuseppe Terragni)的作品。

22　Rob Krier, *Architectural Composition* (London: Academy Edition, 1988), 70.

23　齐康主编.城市建筑.南京:东南大学出版社,2001:32-36.

24　[英]杰里米·提尔著;冯路译.太多概念.建筑师,总第 118 期,2005(06):6-7.

25　参见：Adrian Forty, *Words and Buildings: A Vocabulary of Modern Architecture* (New York: Thames & Hudson, 2000), 136.

26　参见：Adrian Forty, *Words and Buildings: A Vocabulary of Modern Architecture* (New York: Thames & Hudson, 2000), 136.

27　参见：Adrian Forty, *Words and Buildings: A Vocabulary of Modern Architec-

空间操作

ture (New York: Thames & Hudson, 2000), 137-138.

28 参见：Reyner Banham, *Theory and Design in the First Machine Age* (London: Butterworth Architecture, 1st paperback edition, 1972), 21.

29 "得州骑警"这个名称源自于当时一部美国"西部片"的电影名称，后被援引，用于称谓当时在得克萨斯的这批青年建筑新锐。

30 Alexander Caragonne, *The Texas Rangers: Notes from an Architectural Underground* (Cambridge, Mass.: The MIT Press, 1994), 34-35.

31 Timothy Love, *Kit-of-parts Conceptualism*, Harvard Deign Magazine (Fall 2003/Winter 2004), 40-47, 47.

32 Adrian Forty, *Words and Buildings: A Vocabulary of Modern Architecture* (New York: Thames & Hudson, 2000), 136.

33 Thomas Thiis-Evensen, *Archetype in Architecture* (Oslo :Norwegian University Press, 1987), 15-17.

34 William J. Mitchell, *The Logic of Architecture: design, computation, and cognition* (Cambridge, Mass.: The MIT Press, 1990), 131.

35 William J. Mitchell, *The Logic of Architecture: design, computation, and cognition* (Cambridge, Mass.: The MIT Press, 1990), 234.

36 Bernard Leupen & etc., *Design and Analysis* (New York: Van Nostrand Reinhld, 1997), 24-25.

37 在笔者攻读硕士阶段，也直接参与进行了这方面的一些资料整理和研究。

38 冯纪忠."空间原理"(建筑空间组合)原理述要.同济大学学报,1978(02):1-9. 冯先生的相关教学思想在 20 世纪 60 年代就已提出,但因为当时的政治气氛影响,直到"文革"后的 1978 年才得以正式发表。

上篇 空间操作模式

　　本篇从设计操作的角度,对建筑空间的传统进行梳理和回顾,提出空间设计的若干操作模式,并在抽象的形式概念和具体的物质功能之双重关系中,展现其内在的演化和转变。

　　这一讨论以西方建筑空间设计的传统为主线,从学院派与新古典主义开始,选取了若干彼此关联并具有代表性的模式。首先从新古典主义以及学院派的传统和延续中,提出了一种从体量出发的空间操作模式。随后,从现代主义的发展中,提出以柯布西耶的"多米诺结构"和凡·杜斯堡的"空间构成"为代表的两种新的空间操作模式。这两种模式,分别从不同的途径出发,发展或打破了传统的体量式的设计方法。以立方体盒子为例:柯布西耶通过内在的空间结构关系,在保留了盒子外形完整性的同时,直接以一种新的结构形式打开了传统建筑沉闷的外壳,并由此产生出开放的盒子——产生出诸如自由立面-结构框架-自由平面等多重关系;赖特和风格派则以一种要素分解的方法打破传统的盒子建筑,产生出一系列独立的形体要素和连续的空间。最后,在上述两种现代主义空间操作模式的基础上,提出以"九宫格"为代表的空间设计方法,它一方面综合了现代主义空间设计"结构-空间"的双重基础,另一方面建立了一种以空间形式研究为核心的设计及教学模式。这些基本的空间操作模式,在随后的发展中,继续引入材料问题、环境(文脉)问题、叙事问题,以及与此相对的空间形式的自律性问题等,又有着进一步探索和发展,形成了当前建筑空间设计与教学研究的基础。

　　上述这些不同的空间操作模式,一方面反映了不同条件下的物质功能和技术因素的影响;另一方面,同样重要的是,它们反映了空间设计的不同概念,从而涉及更为广泛的影响因素。这两方面(物质性和概念性)构成了一种内在的双重性动力,由此展开空间操作模式的种种演化和转变。

　　从对不同模式的讨论中,可以看到,在西方建筑学的传统中,空间问题逐渐从隐含到显现,并进而分化出不同的理解,即使是最初的一些空间设计方法,在今天也依然以不同的方式体现出它的影响力。空间设计的这些模式,既有历史的继承和突破关系,反映出空间设计的发展;又可视为一种当下的并存,反映不同的空间概念,最终以不同的层面和角度共同构成当下空间设计的基础。

第一章　体量与构图

事实上,直到现代建筑空间概念出现之前,空间问题在建筑中都是隐而不谈的。在吉迪翁的名著《空间,时间和建筑》(*Space, Time and Architecture*)一书中,提出西方建筑历史上的第一类空间概念为体量(volume)之间的相互作用,其历史可追溯到古埃及——以金字塔为例,并一直延续到苏美尔和希腊。在这里,吉迪翁的第一类空间概念是从体量出发而提出的。而在西方建筑设计的历史上,对体量的讨论确要远远早于空间。

尽管吉迪翁的讨论中谈到埃及和希腊建筑的体量及雕塑感,不过,对于现代的建筑设计而言,有意识地将几何体量——而非某种装饰风格——作为一种基本的设计要素来运用,这一建筑设计的传统应直接追溯到法国的新古典主义建筑。而早期新古典主义建筑对形体的自觉和装饰的简化,在某种程度上也是回应了当时重新发现和认识的古希腊建筑的精髓。

在以巴黎美院为中心的学院派建筑中,新古典主义的影响从弗朗索瓦·布隆代尔(Jacques-Francois Blondel)开始,一直传承下来,构成了学院派教学的理性基础。本书将从这里追溯由"布隆代尔–迪朗–加代"所代表的一种设计源流,其中包括艾蒂安–路易·布雷(Étienne-Louis Boullée)和克洛得–尼古拉·勒杜(Claude-Nicolas Ledoux)的被称为"幻想式"的体量,以及 J.N.L.迪朗(Jean-Nicolas-Louis Durand)和于连·加代(Julien Guadet)所发展的一套"要素–构图"的设计方法。这一源流的大背景则是法国理性主义的思想和笛卡儿的解析几何。

将建筑作为各个分离的部分再加以组合的思想,被理论家考夫曼看做为新古典主义的一大特征和传统,并指出它在 20 世纪仍然继续重现。而将空间作为体量组织的设计方法,确实持续影响了 20 世纪现代主义的建筑设计,包括建筑大师勒·柯布西耶(Le Corbusier)和沃特·格罗皮乌斯(Walter Gropius)等人 [1]。它无疑已经成为建筑空间设计的一类基本方法和模式。

一、新古典主义:几何体量与形式结构

早期新古典主义建筑对形体的自觉和装饰的简化可视为对古希腊建筑的一种回应,这方面的代表可见于安热–雅克·加布里埃尔(Ange-Jacques Gabriel)设计的凡尔赛的小特里阿农(图 1–1)。这一建筑据称是深受历史学家 J–D.勒鲁瓦(J–D Leroy)有关希腊建筑一书的影响,将古典气质和希腊精神体现在建筑结构中,去除了繁琐的装饰,采用朴素的构件,表达出纯粹严密的几何形式结构。

图 1-1　加布里埃尔：小特里
　　　　阿农(左)

图 1-2　布雷：牛顿纪念堂(右)

艾蒂安–路易·布雷和克洛得–尼古拉·勒杜延续了加布里埃尔无装饰墙面的做法及对几何形式的关注："在布雷的建筑立面中隐含着一个'形式'的组织体系"[2]。而未经修饰的素墙与他们下一步对几何体量的关注无疑有直接的联系。

对几何体量的关注在布雷和勒杜的设计中达到了某种巅峰。布雷追求的是一种绝对的法则。而在规则的几何形体中有一种不变的秩序,这就是匀称。他设计的建筑有立方体、圆柱体、金字塔和圆锥体(常常削去了尖顶),最理想的是球体(图 1-2)。对于布雷来说,这些几何形体对于光的表现具有重要的意义："球体很利于发挥光的效果,特别是那种不易获得的、渐变的、柔和的、丰富而令人惬意的效果。这些都是自然赋予球体的无与伦比的优势。在我们看来,它们具有无穷的力量。"[3]

图画在布雷的设计中也起到了重要的作用,尤其是他后期的作品,其大胆的设想大多表现在他的图画中,而非建成。在这里,他摈弃了现实性的要素,提出以画家的眼光看待建筑——图画就代表了一切。这些几何形体与现实的使用功能甚至场地环境都无一定的关系,而更多表达某种幻想的精神性的概念。在此,他对当时法国理论界所理解的维特鲁威(Vitruvius)的建筑学定义——"房屋的艺术"(art of building)——提出了质疑;同时也与新古典主义思想的另一位重要倡导者洛吉耶(Marc-Antoine Laugier)拉开了距离。

洛吉耶的原始小屋从基本建构的角度出发提出了一种建筑原型。根据肯尼斯·弗兰姆普敦的总结:原始小屋代表了新古典主义的另一源流"结构古典主义";而布雷等人所开创的则是一种"浪漫古典主义"的源流[4]。在新古典主义建筑的发展中,分别从形式表现和结构建造出发,可区分出两条不同路线。在实际的发展中,尽管其出发点不同,这两条线也会经常交叉,相互影响——譬如早期对哥特建筑结构的研究,也往往引出或印证了许多关于形体和构件组织关系的研究。在这两条路线中,对几何形体的关注在迪朗和加代等人的发展中更多地与功能使用方面的考虑结合起来,而形成理性主义的一个重要源流。

二、迪朗:要素,构图与功能分析

J.N.L.迪朗是布雷的学生,他从布雷那里接受了几何体量的形式,但却摈除了幻想的精神成分和审美表现上的考虑。迪朗也将圆形看做理想的平面形式,与布雷对球体的推崇相似,但其根据却不是布雷所关心的完美的雕塑性的形体表现,而是出于使用上的经济性:因为对于一个确定的封闭墙面来说,圆所包围的面积最大。在这里,尽管两者都利用了圆形所具有的对称性和均匀性,但迪朗却利用它来考虑功能性的问题,提出了适用和经济的基本原则。

作为综合工科学院的建筑学教师,在 19 世纪初,迪朗对当时巴黎美院的学院派建筑教学进行理性归纳和重新整理,发展出一套新的教学方法,以使工科学院学生在非常有限的时间内迅速掌握建筑设计的基本知识,并将其编纂成《综合工科学院建筑学课程概要》一书。

在当时巴黎美院的教学中,由布隆代尔总结的 "装饰–构造–配置"(ornament-constriction-distribution)三大要点是其教学的核心。对此,迪朗进行了重新改造,去除了有关装饰的讨论,重新归纳为三大基本部分:"要素–构图–功能分析(类型)"(element-composition-function analysis)。要素包括墙、柱子、壁柱、柱上楣梁、拱廊、拱顶和门窗等。构图分为两个阶段:先是上述要素的组织形成建筑部件;再是部件的组织形成整个建筑。在这里,迪朗采用一种分析的方法:将建筑分解为各个部分,并且区分不同的层次,再将其组合。在这种构图(组合)中,轴线和网格起到了重要的作用。功能分析则用来应对各种设计任务,从不同功能的角度,提供了"城市–公共–私人"等各种建筑类型。

与这三部分相伴随的是一种"布局"(disposition)的概念,这在一定程度上反映了布隆代尔总结的"配置"的问题。在迪朗这里,布局就是通过要素的组织来完成使用功能的布置,这成为其设计方法的一个核心,以此为现代的功能主义美学确立了规范。这种布局具体表现为建筑平面。从这一点上不难理解:在迪朗的图示系统中,平面是首要的,剖面和立面均源自于平面。

对于迪朗来说,平面–立面–剖面是表达建筑的基本手段。在他早先的另一本著作《古代与现代各类大型建筑对照汇编》中,就将不同时代和区域的建筑,以相同比例的平–立–剖面图,绘制在同一张图纸上(图 1-3)。平–立–剖面图之间是相互对应的,一幢建筑的平–立–剖面图要求画在同一张图纸上,采用相同的轴线和比例(图 1-4)。在这里,迪朗充分利用了他在综合工科学院的同事加斯特·蒙热(Gaspard Mongo)发明的画法几何(description geometry),将笛卡儿坐标系转化成平–立–剖面的设计体系。这使得他与自文艺复兴以来阿尔伯蒂的透视法传统拉开了距离,也与布雷和勒杜等人的水彩绘画不同,没有了人与建筑的关系,也没有阴影和明暗的表现。一切建筑物之外的表现和想象都被简化和剔除,迪

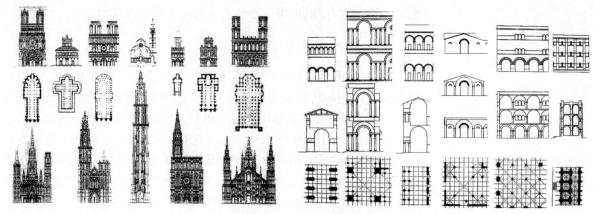

图 1-3　迪朗:《古代与现代各类大型建筑对照汇编》插图(左)

图 1-4　迪朗:《综合工科学院建筑学课程概要》插图(右)

朗的平-立-剖面图均由清晰的、极细的线条绘制[5]。

迪朗的轴线与网格正是在画法几何的基础上引申出来的两个有力的工具。轴线与网格既是一种绘图工具,更是组织平面形式结构的设计工具。它们成为迪朗构图结构的基础,以此组织和分配各个要素。

由此,迪朗将笛卡儿坐标引入了建筑设计,并延续了新古典建筑中基本的体量要素,确立了一种建筑空间的几何性;这种几何性,与上述他对功能使用和建造的经济性的关注联系在一起,构成了迪朗建筑设计的科学性及理性思想的重要方面。在这种思想下,建筑设计的过程从基本的几何形(往往是正方形)平面出发,通过轴线与网格的构图结构,组织或分配各个要素,完成功能分析和配置的要求,这就是所谓的"布局"。在这种布局中,空间的几何形式是统一的,而且往往也是分为层次的。

最后,需要指出的是:在学院派的传统中,对于体量的讨论,一开始关注的是有关配置和布局的问题,在 19 世纪中叶以后,构图已逐渐取代配置和布局而成为一个核心问题。"从配置或分布向构图的转变,暗示了在这个世纪(19 世纪,笔者注)初有关划分和布置的行为到了该世纪末已经转变为一种寻求统一的行为"[6]。

三、加代:构图与两类要素

对于 19 世纪法国学院派来说,建筑设计几乎等同于构图。在 20 世纪初,现代主义运动方兴未艾之际,巴黎美院的教师于连·加代(Julien Guadet)开设了一门课程:"建筑学要素及理论",对西方学院派传统进行了系统的整理,其成果最终被编纂成五册大部头的资料手册以方便设计者查阅。在此,于连·加代提出了"两类要素":一类是所谓"建筑要素"(elements of architecture),包括墙壁、开口、拱券和屋顶等;另一类是所谓"构图要素"(elements of composition),包括房间、门厅、出口和楼梯等。

将建筑清晰地分为各个部分并加以"组合"(构图),这一思想无疑来自于一百年前综合工科学院的教师迪朗。对此,加代有一句精辟的名言:"构图就是去利用已知事物。"在这句话中:如果说构图代表了学院派建筑教育的核心问题的话,那么,这个"已知事物"就是学院派建筑教育的基石——"就像构筑需要材料一样,构图也有它的材料"[7]。这个"材料"就是加代所总结的两类要素。

这一认识在学院派传统中无疑有着相当的影响。在稍后英国建筑师（兼教师）亚瑟·斯特拉顿（Arthur Stratton）所著的《古典建筑的形式和设计要素》一书中，同样坦承了迪朗的影响，并明确指出设计"不能从无中生有，而是要从已知的东西出发，向未知领域进展"，以避免学生无谓的"从零开始的幼稚发明创造"[8]。

加代的两类要素的组织，清楚地表达出由局部构件到整体建筑的不同层次，这一点在迪朗的构图原理中已有体现。其中第一类"建筑要素"，与迪朗提出的要素类似，它们是一些结构性的或功能性的构件，共同组合成功能体块——亦即第二类"构图要素"，再由这些功能体块（functional volume）组合成整体建筑（图1-5）。

对于加代及其同时代的一批人来说，构图的一个重要目标就是要将建筑物的各个不同部分组织到一种轴线式的平面中。这种轴线式的组织方式，在当时的学院派传统中根深蒂固。以至于在加代的课程中，对于轴线组织形式本身几乎未作任何讨论，而是专注于如何将不同的功能——特别是新的技术要素和社会功能组织进去。在这里，加代的构图要素基本等同于各种功能体块。在对这些功能体块的分析中，加代又进一步区分了静态的使用功能和动态的交通功能，并要求在图纸中将这种区分表现出来。这样一种区分对其后现代建筑设计乃至城市规划的影响无疑也是深远的。

在加代的构图中，与迪朗一样，平面图在所有设计图中是首要的——这已成为19世纪法国学院派建筑设计的核心。对平面图的关注表明了对功能布置和使用问题的关注，并在其中隐含了一种将空间作为功能体块的学院派的设计方式。与此相对照的则是另一种方式，由19世纪法国建筑理论家维奥莱–勒–迪克（Viollet-le-Duc，Eugène-Emmanuee）提出，他从一种结构理性主义的角度出发，对学院派的古典主义传统提出了批判，其关注的重点主要在于结构和剖面问题上（图1-6）[9]。

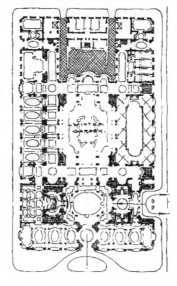

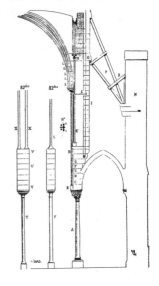

图1-5 铎罗（M. Tournon），巴黎美院：城市旅馆设计方案（左）

图1-6 维奥莱–勒–迪克：哥特教堂剖面图（右）

作为学院派要素及构图原理最后的总结者（以及某种意义上的改革者），加代的课程中所隐含的建筑空间设计方法在无形中产生了很大的影响。在雷纳·班汉姆（Reyner Banham）的《第一机器时代的理论和设计》（*Theory and Design in the First Machine Age*）一书中，将加代的第一类要素"建筑要素"——主要是结构构件，与现代主义运动中荷兰风格派和俄国构成派的新的"要素主义"联系起来；而第二类要素"构图要素"——主要是功能体块，则被认为是通过加代的学生奥古斯特·佩雷（Auguste Perret）（以及托尼·加尼尔，Tony Garnier，笔者注）传给了现代主义的大师勒·柯布西耶（Le Corbusier）[10]。

四、影响和发展：现代建筑中功能体量的设计方法（路斯、柯布西耶、格罗皮乌斯等）

将建筑作为各部分分离的功能体块再加以组合的方法，并非法国古典主义及学院派的独创。事实上，由英国乡土建筑产生的如画式的自由组合，很大程度上促成了这一方法的发展，虽然它与前者所遵循的古典主义的形式组织的原则大相径庭。而对这种如画的组合的探讨，最初是在英国式花园的设计中展开的[11]。

在德国，赫曼·穆台休斯（Hermann Muthesius）所著的《英国建筑》一书中记载的那些不规则的哥特复兴的平面设计，无疑启发了建筑师阿道夫·路斯（Adolf Loos）的所谓"容积设计"（raumplan）方法。另一方面，受戈特弗里德·森佩尔（Gottfried Semper）的影响，空间是作为一种"围合"（enclosure）的概念来理解的。在路斯的"容积设计"中，不同的空间容积根据功能要求有不同的形状、大小和高度。另一方面，路斯又坚持古典主义的几何形体，不能接受英国式住宅自由的如画的构图组合。这两方面的问题，使得路斯在建筑公共外观上坚持立方体的体量，而在内部功能组织上采用较为自由的体量组合（图1-7）。这两方面的问题造成路斯建筑特有的内外分裂。同时，也被认为是促成了路斯在立方体限定的容积内进行某种扭曲，而产生剖面上的动态构图[12]。

图1-7 路斯：米勒宅的起居-餐厅层平面、纵向剖面及室内空间轴测

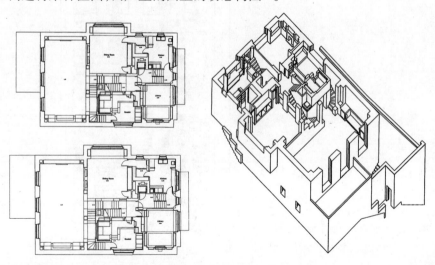

同样是功能体块的组合问题,路斯将它带入剖面——亦即三维问题的研究中。对于路斯来说,相对于空间体量的围合,结构和构造的关系是次要的。这一点又与结构理性主义对剖面的关注不同,在路斯建筑设计中,对剖面的重视与结构的考虑并没有明确的关系。

　　与路斯不同,在柯布西耶的建筑设计中,新的结构形式对空间体量及功能组织产生了重要的影响。作为佩雷及加尼尔的学生,尽管柯布西耶曾多次批判学院派的教学,但他无疑——也许是不自觉地——继承了学院派功能体量以及平面组合的设计方法。柯布西耶开给建筑师的三项备忘分别是:体量;表面;平面。

　　柯布西耶对于基本几何体量(及光线)的推崇与布雷非常相似,他称之为塑性(plastic)艺术的基本要素(图 1-8)。从柯布西耶对希腊建筑的欣赏中也不难发现他的这种古典主义气质。与布雷一样,柯布西耶同样醉心于几何体在光照下的表现:"建筑是一些搭配起来的体块在光线下辉煌、正确和聪明的表演。……立方、圆锥、球、圆柱和方锥是光线最善于显示的伟大的基本形式:它们的形象对我们来说是明确的、肯定的,毫不含糊。因此,它们是美的形式,最美的形式。"[13]

　　在建筑设计中,柯布西耶也采取了功能体块组合的方式。在为国联总部设计的另一个对称性的方案图下,他作了如下说明:"采用相同构图要素的另一提案。"[14] 这里的构图要素,就是各个功能体块,由此可见加代的影响。同样,柯布西耶也坚持平面的首要性,"平面是生成元"。事实上,学院派设计中"构图"一词的来源,在很大程度上借鉴了绘画中的构图概念。20 世纪初,绘画领域出现新的变革,以立体主义绘画为代表。而在柯布西耶这里,构图这一原本从绘画中借来的概念,经过了现代艺术的洗礼,已经带有了新的含义。柯布西耶最终提交的国联总部设计的不

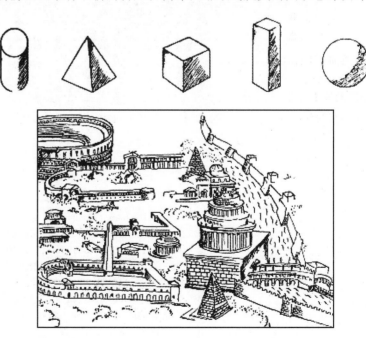

图 1-8　柯布西耶:塑性艺术的
　　　　基本要素

对称方案,包含了更多的冲突性和模糊性,而被柯林·罗用来作为解释第二种透明性概念的一个例子(图1-9)。

与现代艺术的影响相比较,工程技术上的变革,尤其是新的钢筋混凝土框架结构,对柯布西耶的建筑设计的影响似乎更为直接,也更多地出现在他的一些革命性建筑言论中。正是在新的钢筋混凝土框架结构基础上,柯布西耶提出了"新建筑五要素"和"构图四则",后者解决了路斯提出的问题:如何将新艺术和手工艺运动中平面设计的舒适性及非正式性与严格的几何(即使不是新古典主义的)形式结合起来;并将现代化方便性所需的私密领域与建筑秩序的公共立面结合起来[15]。这里涉及一种新的结构方式与空间设计手段,使柯布西耶和其后的一大批现代建筑师在传统的功能体块组合方法之外,有了一套新的设计方法,这正是本篇第二章要讨论的内容。

与柯布西耶相对照,另一位现代主义大师格罗皮乌斯早年的设计实践也受到这种功能体块乃至构图思想的影响[16]。他设计的位于德绍的包豪斯校舍可看做是在三维空间中进行不同功能体块的划分及构成的经典范例(图1-10)。以包豪斯为代表的功能主义的空间设计后来发展为一种"泡泡图"式的设计方法,在一定时期内产生了广泛的影响。不过,对于格罗皮乌斯和包豪斯来说,空间设计的新的突破在于抽象的要素"分解"(decomposition)与"构成"(construction),并由此打破了单纯的体块,空间设计由点-线-面-体多种要素构成,这是本篇第三章要讨论的内容。

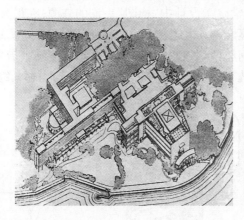 

图1-9 柯布西耶:国联总部设计方案(左)

图1-10 格罗皮乌斯:包豪斯校舍(右)

注　释:

1　Reyner Banham, *Theory and Design in the First Machine Age* (London:Butterworth Architecture, 1st paperback edition, 1972), 21.

2　Sergio Villari, *J-N-L Durand, 1760-1834: Art and Science of Architecture*, trans. Eli Gottlieb (New York:Rizzoli, 1990).见:曲茜.迪朗及其建筑理论.建筑师,总第116期,2005(08):40-57,43.

3　[英]罗宾·米德尔顿,戴维·沃特金著;邹晓玲等译.新古典主义与19世纪建筑.北京:中国建筑工业出版社,2000:180.

4　[美]肯尼斯·弗兰姆普敦著;张钦楠等译.现代建筑:一部批判的历史.北京:

三联书店,2004:9.

5 曲茜.迪朗及其建筑理论.建筑师,总第 116 期,2005(08):40–57,53.

6 David Van Zanten, *Architectural Composition at The Ecole des Beaux-Arts From Charles Percier to Charles Garnier.* In:Arthur Drexler, ed., *The Architecture of The Ecole des Beaux-Arts* (New York: The Museum of Modern Art, 1976), 111–290, 112.

7 Reyner Banham, *Theory and Design in the First Machine Age* (London: Butterworth Architecture, 1st paperback edition, 1972), 20.

8 这一认识即使对于今天来说也是非常有教益的,它从某种程度上回答了创新与传承的问题。见:Arthur Stratton, *Elements of Form & Design in Classic Architecture* (London: Herbert Reiach, 1925), 4.

9 另一位学院派的教师,也是结构理性主义的继承者奥古斯特·肖瓦西(Auguste Choisy),在其所著的历史建筑研究一书中,则采用了一种等角透视——亦即轴测图的表示方法,将平-立-剖面在一幅图中表现出来,成为一个统一的三维空间体(图 2-4)。这种轴测图的画法,最先用于军事和工程中,将其用于建筑表现,一方面更清楚直接地表达了三维建筑空间的关系,另一方面又避免了透视中因主观视点而带来的变形,而凸显出对象的客观性。

10 Reyner Banham, *Theory and Design in the First Machine Age* (London: Butterworth Architecture, 1st paperback edition, 1972), 21–22.

11 [英]罗宾·米德尔顿,戴维·沃特金著;邹晓玲等译.新古典主义与 19 世纪建筑.北京:中国建筑工业出版社,2000:184–187.

12 [美]肯尼斯·弗兰姆普敦著;张钦楠等译.现代建筑:一部批判的历史.北京:三联书店,2004:95.

13 [法]勒·柯布西耶著;陈志华译.走向新建筑.西安:陕西师范大学出版社,2004:24.

14 Le Corbusier, *Une Masion, Un Palais* (Paris: 1928), 97. In:Reyner Banham, *Theory and Design in the First Machine Age* (London: Butterworth Architecture, 1st paperback edition, 1972), 21.

15 [美]肯尼斯·弗兰姆普敦著;张钦楠等译.现代建筑:一部批判的历史.北京:三联书店,2004:171.

16 Reyner Banham, *Theory and Design in the First Machine Age* (London: Butterworth Architecture, 1st paperback edition, 1972), 21.

第二章　结构框架与自由平面

　　结构框架以及由此带来的承重与围护的分离、空间设计的自由,已成为现代主义空间设计的一个重要特征。它打开了沉重的体量,带来空间的开放和流动,并与现代功能、技术的发展和现代艺术的概念结合,形成一种新的空间设计方法和模式。

　　事实上,有关结构框架的概念及其与外围护的区分,在18世纪以来结构理性主义的研究——尤其是对哥特建筑的研究中,就已初现端倪。而钢筋混凝土技术的普遍应用,则使框架成为现代建筑的基本结构形式。

　　不过,对于结构框架所蕴涵的空间设计的新的可能性的认识,则有一个逐渐发展和反思的过程。这个过程一方面伴随着现代技术的发展和越来越细的专业分工;另一方面,又是与现代艺术对形式空间的一系列探索并行的。只有在这两个前提下,框架结构所蕴涵的空间设计的新的可能性才得以获得真正的理解和发展。正是在这里,现代主义大师勒·柯布西耶(Le Corbusier)从多米诺结构中发展出来一系列新的设计方案。在此之前,无论是他的老师奥古斯特·佩雷(Auguste Perret),还是美国的芝加哥学派,所做的工作更多是技术上的铺垫或形式上的折中;而在此之后,框架结构所蕴涵的空间设计的新的可能性,也往往由于技术与艺术表现的分离而经常为人所忽视。而在这种发展中继续作出贡献的,往往也是重新回到框架结构的基本起点,并以它提出新的问题:诸如密斯·凡·德·罗(Mies van der Rohe)、路易斯·康(Louis I.Kahn)、赫曼·赫兹伯格(Herman Hertzberger),以及最近的伊东丰雄等。

一、结构古典主义:"柱-梁"式结构与框架

　　在新古典主义早期,由布隆代尔提出的三大要点:"装饰-构造-配置",奠定了学院派建筑设计的基础。在后来的理性化发展中,无论迪朗还是加代,对装饰问题始终不予讨论,在迪朗引用布雷的规则形式而加入构图的讨论后,对于另两个问题:结构构造和功能分布,则体现出不同的偏向和层次。

　　在"迪朗-加代"发展出的设计传统中,采用了各组成部分(要素)分解的方法,其构图组织是分层次的,首先考虑的是功能分布,结构的作用往往是在下一个层次考虑的。这从加代的两类要素的划分中可见一斑:由第一类结构性构件(建筑要素)组成功能体块,再由功能体块(构图要素)组成整体建筑构图。构图的概念,首先是一种形式组织,以及与这种(主要是轴线式的)形式组织相匹配的功能布置。结构在整体构图的关系中未被提及。即使是迪朗的网格,虽然对构件的组织起一定的控制作用,但更多的是作为抽象的几何形式,而非后来出现在现代建筑中的结构性

图 2-1 洛吉耶：原始棚屋

框架。而在一般学院派的做法中，更多是先有形式，再配结构。

与此相对的则是另一种结构古典主义的设计传统。这一传统可追溯到科德穆瓦（Abbé de Cordenmoy），洛吉耶（Marc-Antoine Laugier）和苏夫洛（Jacques-Germain Soufflot）等人。前文中提到的洛吉耶的原始棚屋即是这样一种建筑原型（图 2-1）。

19 世纪末法国工程师奥古斯特·肖瓦西（Auguste Choisy）的论述是该传统最终的理论总结，同时也对当时学院派在这方面的弊端提出了鲜明的批判。

对有着工程师背景的肖瓦西来说，形式是由技术出发逻辑地导出的。这方面，他多少接受了维奥莱-勒-迪克的影响。与当时加代的构图问题相对照，肖瓦西的建筑设计主题是构造问题。希腊的陶立克式（Doric）建筑和哥特建筑是肖瓦西结构理性主义研究的两个典范。由最初的木结构演变来的陶立克柱式确立了基本的"柱-梁"（posts and lintels）的结构形式，这一点多少提示了后来佩雷的混凝土的建筑仍然沿用"柱-梁"的经典形式。在对哥特建筑的研究中，肖瓦西区分了承重框架（frame）和轻质填充（infilling）两个不同的部分，这一思想，同样通过后来佩雷的实践对现代建筑的空间设计产生了不可忽视的影响。

此外，与前述浪漫古典主义及轴线式的构图相对照：肖瓦西的希腊建筑研究同样也导向对无装饰的简洁的几何形式的关注——不过，这些规则形式在肖瓦西那里是组织在不对称的如画般的构图中的，如雅典卫城那样（图 2-2）。这与学院派的轴线式构图组织的原理又是格格不入的。有意思的是：在历史学家 J-D.勒鲁瓦有关希腊建筑一书中，雅典卫城入口复原图，是按照完全对称的理想，对实际情况（不对称）进行调整而重新绘制的。该图被迪朗收录在他的《古代与现代各类大型建筑对照汇编》一书卷首插图中，体现出对称和规整的构图原则（图 2-3）。

尽管在形体组织上有某种浪漫主义的倾向，但肖瓦西的建筑单体研究还是更多地取向于对象的物质性和客观性。在他所著的历史建筑研究一书中，采用了一种等角透视——亦即轴测图的表示方法，将平-立-剖面在一幅图中表现出来，成为一个统一的三维空间体（图 2-4）。这种图的画法，不是为了眼睛观看所产生的艺术效果，而是为了更好地表达对象的客观事实。

图 2-2 雅典卫城（左）
图 2-3 勒鲁瓦：重新绘制的雅典卫城入口复原图，按照完全对称的理想，对实际情况（不对称）进行调整（右）

空间操作

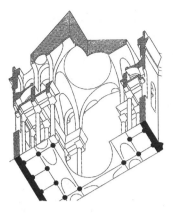

图 2-4 肖瓦西：历史建筑研究中采用的等角透视——轴测图

不过，正如班汉姆所指出的那样，肖瓦西的建筑研究过于重视技术的决定因素，而忽视了社会发展和人的创造性，这使得他对当时开始出现的许多新的材料和技术条件没有能做出积极的回应，而更多地借用过去的结构形式解释新的技术[1]。而对新材料和技术的应用，以及由此带来新的空间设计方法，则正是下文所要详细展开讨论的。

二、佩雷和芝加哥学派：现代钢筋混凝土框架

在新的混凝土技术的使用方面，奥古斯特·佩雷（Auguste Perret）是最早获得成功的建筑师之一。尽管没有完整地完成学业，但佩雷无疑接受了他的老师加代和肖瓦西的双重影响。他采用混凝土的材料，将其转化为传统木结构的梁柱形式，而建立起了一种梁柱式的纵横网格。在他设计的富兰克林路公寓中（图 2-5），通过对建筑要素构成的简化和准确表达——这一点受到加代的影响，清楚地在建筑立面上表达了这一梁柱式的混凝土结构——这一影响无疑来自于肖瓦西的希腊陶立克建筑研究。由此，一方面，梁柱式的纵横网格为现代主义的立方体（矩形）美学和抽象艺术的出现提供了可能[2]；另一方面，更为重要的影响来自于前文肖瓦西哥特建筑研究中提出的骨架加填充的思想，这使得框架结构在建筑中成为更重要的形式表现，为后来现代主义的开放平面和自由平面（free plan, *plan libre*）等打下了基础。

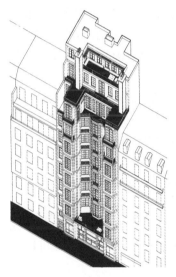

图 2-5 佩雷：富兰克林路公寓

不过，佩雷对混凝土框架的应用多少表现出一种折中主义的态度，以新材料来表达古典主义的梁架结构。富兰克林路公寓的立面框架上升五六层后收分，以一"帽盖"式的楼层终结。而他的最成功也是最纯粹的框架作品，则是为亨利·凡·德·费尔德（Henry van de Velde）设计的香舍丽榭剧院所做的钢筋混凝土结构，因为已先有了平面和立面设计，内部的框架设计不用考虑外观的审美习惯，而更纯粹地表现了这种结构形式自身的逻辑（图 2-6）。

与此相应的则是在大洋彼岸美国的建筑实践。早在佩雷之前，框架结构在 19 世纪末美国的芝加哥学派就已得到大规模的应用（图 2-7）。在

图 2-6 佩雷：为香舍丽榭剧院所做的钢筋混凝土结构设计（左）

图 2-7 沙利文：卡森，皮里和斯科特百货公司大厦（右）

芝加哥的商业背景中，新的钢铁框架结构被大量运用在新建的高层办公楼中，并在外观上得到了充分地表现，摈除了传统中关于建筑风格的讨论。但也正是这种过分实用主义的商业背景，使得芝加哥框架更多的是从工程师的角度解决通用的实际问题；而没能进一步发掘这种新形式所预示的更多可能性，尤其是在简单的网格中所蕴涵的空间的丰富性——例如在后来的国际式风格中所熟知的结构骨架和空间限定要素的分离。这一点，正如柯林·罗所一针见血指出的那样：在芝加哥，框架只是作为一种既成事实被接受，而没能作为一种思想或概念[3]。

无论是法国的佩雷还是美国的芝加哥学派，新的结构框架所预示的现代空间设计思想的变革都没有最终完成。在这个意义上，作为佩雷的学生，勒·柯布西耶于 20 世纪 20 年代提出的"多米诺"体系，才真正标志了框架结构与空间设计的变革。

三、柯布西耶：多米诺体系–新建筑五点–构图四则

柯布西耶早年在佩雷的事务所工作，这使他深信钢筋混凝土是未来的材料。1915 年前后，他与工程师迈克斯杜布瓦合作，提出"多米诺住宅"（Maison Dom–ino），这成为他后来许多住宅设计的结构基础，并成为现代主义建筑空间设计的一个基本原型（图 2-8）。

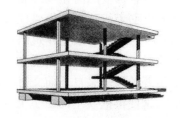

图 2-8　柯布西耶：多米诺结构

"多米诺"一词，原意是指像骨牌一样的标准化房屋。它由一系列规整排列的钢筋混凝土的垂直独立柱（类似于骨牌的排列阵式），支撑起一层层水平楼板，形成一个基本的空间结构。这是用新的钢筋混凝土材料，以建筑结构和空间上必不可少的最简洁的构件支撑和限定的一个基本结构和空间单元——这个基本单元可以在水平和垂直两个方向上继续延伸、组合和叠加。在这个基本单元及其所代表的一整套体系中，柱子和楼板等基本构件的限定，区分了垂直和水平两种空间：前者由层层楼板所隔断，通过楼梯连接；后者则在通透的柱子之间连续地开放，并可以继续在其中进行各种自由的划分和限定。

在这里，框架既是实际的建筑构件，又是一种全新的概念——它将传统的"盒子"的限定要素约减到最少，并进而区分了结构承重和空间围护两种不同的构件，揭示了一种普遍的结构体系及其所代表的新的空间的可能性。这种可能性在柯布西耶随后一系列的设计中，发展成"新建筑五点"（five points of new architecture）和"构图四则"（four compositions）等一系列鲜明的主张。

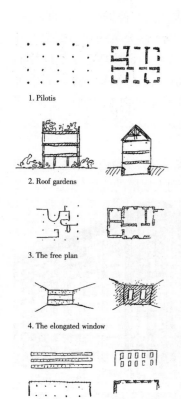

1. Pilotis

2. Roof gardens

3. The free plan

4. The elongated window

5. The free facade

图 2-9　柯布西耶：新建筑五点

新建筑五点分别是① 立柱（column, *pilotis*）；② 屋顶花园（roof-garden, *toit–jardin*）；③ 自由平面（free plan, *plan libre*）；④ 水平长窗（ribbon window, *fenetre en longueur*）；⑤ 自由立面（free facade, *facade libre*）。（图2-9）这些要素均可从新的混凝土框架结构中得到解释。在柯布西耶的设想中：混凝土框架解放了墙体，使之不必再承担结构作用，从而获得了内部的自由平面和外部的自由立面；框架与墙体的分离也使立面上水平延伸的长窗成为可能，垂直的支撑框架单立于其内部，最大限度地满足光

空间操作

线的内外通透；框架底层采用架空支柱，将建筑体量抬起在空中，而留出透空的地面；框架顶部的则是平屋顶，采用内排水技术，可保护混凝土屋顶不受热胀冷缩的影响，另一方面，平屋顶可作为屋顶花园来使用[4]。这些设想对框架结构乃至整个现代建筑的发展产生了长远的影响，其中一些即使在今天看来也仍然具有很大的创见性。

新建筑五点也可视为一系列新的设计要素。与传统的建筑要素不同，新建筑五点的核心在于由框架结构与空间限定构件分离所引起的各类建筑构件在功能上的重新分化和组合。各种建筑构件的功能趋向单一化，这既有利于工业化生产，也有利于针对性地解决各自不同的问题，同时也反映出正开始发生在建筑学内部的专业分工。新的技术和形式打破了旧有的建筑体系，瓦解了传统的建筑要素，柯布西耶则根据不同方面的需要将其重新分门别类而组成一系列新的系统。这些新的系统相对独立，相互之间差异显著甚至彼此对立——诸如规整的柱网和自由平面——这些差异来自于各个系统不同的功能需要；而当它们相互叠加、交织或穿透在一起时，则产生了丰富的空间——而这一点，正如荷兰代尔夫特大学的设计分析研究所指出的，在其后的专业分工的过程中，则似乎被遗忘了[5]。

在对新建筑五点的解释上，很多是出自于在新的结构技术条件下对建筑功能因素的重新考虑；但另一方面，不容忽视的是，新建筑五点也同时蕴涵了建筑空间和形式方面的新的发展和变化。这两方面的双重影响，才真正体现了柯布西耶对现代建筑的重大影响。譬如平屋顶，不仅是技术上的需要，同时也满足了现代的立方体美学。而出现在自由平面中的那些曲线形状，据称也来自于柯布西耶纯粹主义绘画中所表现的那些基本的"对象–类型"(object-type)[6]。这一点也反映出柯布西耶在作为一名建筑师的同时所具有的另一种画家的身份。

作为画家，柯布西耶和阿米迪·奥桑方(Amédée Ozenfant)一起提出了"纯粹主义"(purism)的绘画，并将它应用于从产品设计到建筑学的各个造型领域(图2-10)。这是一种在"立体主义"(cubism)之后的艺术流派。它与先前的立体主义绘画一样：一方面，突破了经典的透视画法，不再受观者的主观视点限制，而更关注对象本身的客观表现，在同一画面上同时显现实际对象的多个面，避免了由单一视点带来的偶然的透视变形；另一方面，更关注于二维画面的本身的自律性，追求平面化的(flatness)效果，而非仅仅是用二维画面去模仿三维对象，绘画的关注的焦点从对其他事物的表现而转向绘画形式本身。

这些新的艺术形式已经影响了绘画中的时空概念，其在建筑上的相应影响也正是当时的先锋派建筑师所关注的。在这方面，柯布西耶的纯粹主义绘画与风格派的新造型主义绘画又形成了鲜明的对照：前者坚持以日常产品为基本对象，结合了纯粹主义和新的机器产品设计的成就，提出"对象–类型"的概念；后者则主要以抽象的几何形式来进行画面构成，并形成二维平面(蒙德里安)和动态的四维空间(杜斯堡)两种不同的

图 2-10　柯布西耶：寂静的生活

趋向[7]。在 20 世纪 50 年代，柯林·罗（Colin Rowe）和罗伯特·斯拉茨基（Robert Slutzky）联系两类立体主义的绘画和现代建筑，提出两种"透明性"（transparency）的问题，进一步对现代建筑的空间形式问题作出了某种分类和解释[8]。

在这种综合中，新的技术因素和形式因素相互结合。柯布西耶对基本几何形体（柏拉图体）的偏好及其提出的"塑性"艺术的概念，可以看做对新古典主义的某种回应。这种塑性形式往往由单一的白色粉刷覆盖各类不同功能的构件，统一为各种基本造型要素，成为在"在阳光下精确的表演"。这一影响直接见诸于后来的所谓"白色派"建筑，尤其是理查德·迈耶（Richard Meier）的作品。而新的技术在瓦解传统的形体组织方式的同时，又提供了新的组合的可能。如果说，柯布西耶在某种程度上继承了学院派的体块构图式的设计方法的话，那么，从新的现代技术条件、功能需求和纯粹主义的美学出发，柯布西耶的体块构图又有了全新的发展，这一点，可见于他的"构图四则"（图 2-11）。

构图四则的第一项是拉罗契别墅（Villa La Roche-Jeanneret），采用了一种前述的"如画的"（picturesque）构图形式，柯布西耶称之为"一种最便利的、多彩的、动态的类型"。第二项是位于加歇的斯坦因别墅（Villa Stein-de Monzie），采用理想的立方体，解决了由路斯最早提出的严格的几何形体（秩序化的外部立面）与自由舒适的平面布置（方便的私密领域）的关系问题[9]。第三项是位于斯图加特的别墅（Villa Baizeau）的一个设计方案，是第一、第二项的细微组合。第四项萨伏依别墅（Villa Savoye），则用第二项中的立方体包围了第一项的多变的体块。

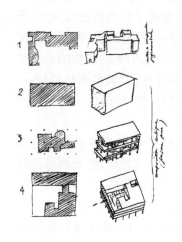

图 2-11　柯布西耶：构图四则

事实上，就构图一词的本意来看，柯布西耶所要解决的也是与功能组织相匹配的形体(容积)的组织或划分问题：即严格的几何形体与自由(有机)的功能体块之间的矛盾。但与传统的要素–构图的方法不同，借助于多米诺体系所提供的可能性，柯布西耶使墙体(围护)与框架(结构)区分开来，从而使内外墙体的围合达到了自由，满足了单个功能体块要素的形体组织和整体外部形体的不同要求，达到了"自由平面"。

由此，通过"新建筑五点"和"构图四则"，柯布西耶对多米诺结构体系的各种可能性作出了最终解答。就一般的理解而言，多米诺结构体系造成了空间(围护)–结构(承重)之间的相互分离和对话，在简单的网格中蕴涵了丰富的空间，从而成为现代建筑空间的一个重要图式。"新建筑五点"对传统的建筑要素及其组合问题做出了重新诠释，空间–结构的基本关系进一步发展为不同的系统(新要素)，空间的丰富性不仅在于空间限定构件本身与结构相分离而拥有了更自由的表现，还在于由此重组的各个系统(新要素)间的多重关系。"构图四则"则对传统的建筑构图问题做出了重新诠释，空间–结构的基本关系被用来解决体块构图的问题，使简单体量控制之中的复杂形体关系成为可能。在这样的多重性的开放盒子中，"阳光，空气"等因素也觅得了进入其中的多种途径，伴随这些变化，空间问题呈现出更多的丰富性。

四、影响和发展(密斯、康、结构主义、伊东丰雄等)

在"构图四则"中，框架作为空间设计的基本手段之一，使传统的功能体块组合问题获得了更多的自由，而框架本身也提供了一个基本的开放的空间网格。与此相比，密斯·凡·德·罗(Mies van der Rohe)于1929年在巴塞罗那博览会德国馆的设计，同样在某种程度上区分了墙体的空间限定功能与钢柱的结构支撑功能。但在空间限定上，与严谨对称排列的8根钢柱相对照的，不再是由或多或少的墙体围成的功能体块，而是由一系列自由穿插的墙体表达的连续的、流动的空间(图2-12)。这后一点，在很大程度上反映了现代主义空间设计的另一个重要概念和手段，这是下一章要讨论的内容。

密斯对框架的用法在后来更多地转向了玻璃盒子，以尽可能通透的玻璃和尽量简洁的钢框架以达到最"少"(图2-13)。在这样的设计中，钢

图 2-12　密斯：巴塞罗那博览
　　　　会德国馆(左)

图 2-13　密斯:范斯沃斯住宅(右)

图 2-14　康与丁：费城市政厅
　　　　 方案

结构框架得到了充分的表现。在这方面，受卡尔·弗雷德里希·辛克尔（Karl Friedrich Schinkel）的影响，密斯多少继承了某种古典主义的传统，对于清晰地表达梁柱式框架结构，材料和构造的细节等倾注了最大的关注，为现代钢框架结构的所谓"建构"（tectonic）表现树立了一种典范。

在密斯对结构框架表现的同时，在美国，理查·布克明斯特·富勒（R. B. Fuller）提出大地型结构体系，其大胆的设想至少在一定程度上影响了后来路易斯·康（Louis Kahn）的某些方案（图 2-14），并使他回应了早期结构理性主义的某些思想。"在哥特时代，建筑师用实心石建造房屋。现在，我们可以使用空心石。结构构件所确定的空间与构件本身同等重要……人们在一个结构物的设计中积极表现空隙的愿望可见之于对发展空间框架的越来越大的兴趣和成果……结构设计应考虑能容纳房间和空间的机械需要……"[10] 由此，康发展了一种中空的结构，并将其与服务及设备的考虑结合起来，从而在空间结构上体现了由赖特提出的"有机"（organic）建筑的思想，尽管放弃了其外形组合上的自由和浪漫。

康对结构的表现在大洋彼岸荷兰建筑师阿尔多·凡·艾克（Aldo van Eyck）设计的阿姆斯特丹孤儿院中得到了同样的回应（图 2-15）。在这个设计中，凡·艾克采用了框架结构，并使结构与空间设计达到了某种对应，发展了一种称为"结构化的空间构造"（space-structure construction）[11]。这里，空间形式的组织与基本的结构构造结合起来，以此作为"固定的"基本构件，来容纳和组成多种可变的空间用途。框架结构的采用以及这种"结构化的空间构造"，在其后荷兰的"结构主义"（structuralism）建筑中得到了多种应用和发展，诸如赫曼·赫兹伯格（Herman Hertzberger）设计的，20 世纪 70 年代建于阿珀尔多伦的中央保险大厦（图 2-16）。在结构主义的这些研究中，对应于柯布西耶"多米诺"结构中有关支撑框架和自由平面的思想，发展出两类不同的构件和空间关系：一方面是"固定的"结构支撑（以及设备等）；另一方面则是"可变的"灵活加建或改造。

有关结构与空间的有机性及整合的思想，也成为近来日本建筑师伊东丰雄设计的一个重要方面。尽管没有提到康，但伊东丰雄在他的创作理念中坦承柯布西耶和密斯的影响。一直以来，结构和框架就是伊东丰

图 2-15　凡·艾克：阿姆斯特
　　　　 丹孤儿院(左)

图 2-16　赫兹伯格：中央保险
　　　　 大厦(右)

图 2-17　伊东丰雄:仙台媒体艺术中心

雄等一批日本建筑师的重要设计主题 [12]。在伊东丰雄的仙台媒体艺术中心的设计中,最初"水草般"自由地生长于水平楼板之间的"柔软"、"轻盈"(light)而"透明"(transparent)的管状纤维物发展成最终"强硬"(strong)的结构支撑 [13],将垂直设备、交通、光线等与这种透明的结构有机地"整合"(integrate)到一起,而在水平面上达成了完全的自由(图 2-17)。由此,伊东丰雄的建筑创作达到了一个重要的转折,也代表了当代建筑发展的一个重要方向。通过新的技术和重新整合的空间结构,在 20 世纪末,仙台媒体艺术中心以一种更精确和纯粹的方式重新回应了 20 世纪初由柯布西耶提出的"多米诺"结构的思想。

注　释:

1　Reyner Banham, *Theory and Design in the First Machine Age* (London:Butterworth Architecture, 1st paperback edition, 1972), 33-34.

2　Reyner Banham, *Theory and Design in the First Machine Age* (London:Butterworth Architecture, 1st paperback edition, 1972), 30.

3　Colin Rowe, *Chicago Frame*, In:Colin Rowe, *The Mathematics of the Ideal Villa and Other Essays* (Cambridge, Mass.:The MIT Press, 1976), 89-117, 99.

4　[法]勒.柯布西耶著.20 世纪的生活和 20 世纪的建筑.见:[英]尼古拉斯·佩夫斯纳,J.M.理查兹,丹尼斯·夏普编著;邓敬等译.反理性主义者与理性主义者.北京:中国建筑工业出版社,2003:74-75.

5　[荷]伯纳德·卢本等著;林尹星译.设计与分析.天津:天津大学出版社,2003:116.

6　Reyner Banham, *Theory and Design in the First Machine Age* (London:Butterworth Architecture, 1st paperback edition, 1972), 257.

7　详见本篇第三章的讨论。

8　详见本篇第四章关于"透明性"的讨论。

9　弗兰姆普敦主要是以加尔西别墅为例来说明这个问题的,参见:[美]肯尼斯·弗兰姆普敦著.张钦楠等译.现代建筑:一部批判的历史.北京:三联书店,2004:171.

10　[美]肯尼斯·弗兰姆普敦著;张钦楠等译.现代建筑:一部批判的历史.北京:三联书店,2004:271.

11　Wim J. van Heuvel, *Structuralism in Dutch Architecture* (Rotterdam:Uitgeverij 010 Publishers, 1992), 18.

12　与伊东丰雄相对照的另一位日本建筑师山本理显,更多关注于"多米诺"结构的单元性与工业化生产的关系。在他一个时期的设计中,几乎无一例外地采取了格子式的结构框架作为整体的设计策略。

13　参见:多木浩二.伊东丰雄访谈录.见:马卫东,白德龙主编.建筑素描:伊东丰雄专辑.宁波:宁波出版社,2006:6.

第三章　抽象要素与构成

　　无论是学院派基于轴线与功能关系的体块组合，还是柯布西耶基于新技术条件和纯粹主义美学所提出的构图四则，空间问题在很大程度上都是借助于三维体块来讨论的。在这种情况下，空间一词本身往往是隐而不谈的，或者说，为一般房间或体量的概念所替代。事实上，即使是柯布西耶，在他早期的建筑言论中也没有直接涉及空间的讨论。尽管柯布西耶通过内在的空间结构关系，在保留了盒子外形完整性的同时，直接以一种新的结构形式打开了传统建筑沉闷的盒子，并产生出诸如自由立面–结构框架–自由平面等多重关系。

　　与这些情况相对照的，则是另一类新的有关空间的概念和设计方法：它"分解"（decomposition）或打破传统的立方体"盒子"，出现了分离的板面（及部分体块）要素，并由此引出"连续空间"（continuous space）的概念。这样一种新的空间概念和设计方法，在20世纪20年代，已然明确地显现出来（也正是在这个时期，"空间"一词开始成为建筑学讨论的核心话题），成为当时现代建筑所达成的新的空间概念。

　　在多方面因素的影响下，美国建筑师弗兰克·劳埃德·赖特（Frank Lloyd Wright）早在20世纪初的建筑实践，就已开始打破传统的"盒子"，出现了空间的连续和流动。

　　而在欧洲，荷兰的风格派（De Stijl）和俄国的构成派（constructivism）几乎同时从抽象艺术的发展中，获得空间形式的新概念，并尝试将其运用于三维空间的设计中。这也被称为一种"要素主义"（elementarism）的方式：由抽象的几何形体要素及相互之间的关系来构成二维平面或三维立体，以探索一种在"连续空间"中的构成关系。与赖特的建筑实践稍有不同的是，以风格派为代表的这些要素和空间构成研究更多引入了一种抽象性的探索，反映为所谓的"塑性形式"（plastic form）[1]，以此区别于赖特的草原风格。

　　这些新的设计方法和空间概念，迅速反映在德国包豪斯（Bauhaus）的基础教学中，诸如莫霍利–纳吉（Moholy-Nagy）的《新视觉》和瓦西里·康定斯基（Wassily Kandinsky）的《点、线、面》等。继赖特之后，另一位建筑大师密斯的一些早期作品也充分展示了这种新的空间概念。

　　在包豪斯之后，有关抽象空间和连续空间的概念在全世界范围内产生广泛的影响。与此相伴的则是一整套"空间限定要素"（element of spatial definition），包括三维空间中各个方向的点–线–面的要素组成，成为现代主义的空间设计基础，由此打开立方体盒子的体块并重新构成。

一、赖特：打破盒子与要素的分离

在美国，建筑师弗兰克·劳埃德·赖特（Frank Lloyd Wright）在20世纪最初的几年就已发展出一套成熟的"草原住宅"风格，在这种新的住宅设计中，墙体之间以及墙体与屋顶之间的分离和错动在内外之间以及内部各个功能块之间产生出连续的空间关系，随之分解出一系列独立的要素，这在某种程度上成为欧洲一些现代建筑——如风格派的先声。

尽管如此，在早期的言论中，赖特并没有明确地使用"空间"一词。在最早的草原住宅的代表作品——1902年的威立茨住宅中，可以发现：内部的空间的组织实际上还是从一系列独立的体量（房间）开始的，通过处理各个独立房间之间的分隔和连接，而形成了一系列连续的空间关联（图3-1）[2]。事实上，赖特早期的一系列住宅，其实体与空间的关系有一个逐渐发展的过程，最初住宅的组成要素还是一些相对封闭的独立的房间，门窗的设置依然是开设房间四壁上局部的洞口；其后的发展则逐渐弱化了房间的概念，走向更加连续的空间，其组成要素则成为相互分离而独立的水平构件（屋顶和楼板）和垂直构件（墙壁或柱子），而这些要素之间的缝隙自然成为了门窗（图3-2）。

而在建筑形体方面，赖特同样反对装饰，倾向于一种抽象的形体表达。赖特认为应清除建筑上的一些"联想的"（associated）要素，而集中关注他称之为"塑性的"（plastic）要素。这里不难发现他与后来风格派的联系。赖特提出的"塑性的"问题是受到来自德国"移情说"（*Einfuhlung*）的影响，它比先前的"联想说"更进一步，不是通过文化的象征，而是通过生

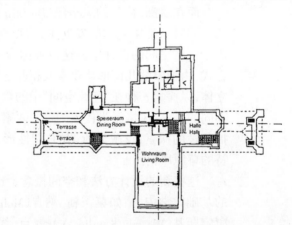

图 3-1 威立茨住宅（赖特设计）
的空间过渡

图 3-2 模型分析（学生作业）：
赖特的一系列住宅底
层空间演变

图3-3　奥尔布列希:分离派馆

理和心理的基础将观者与被观对象直接联系起来。而根据赖特自己的解释,他的这一艺术观念直接来自于他幼时接触的由德国教育家福禄贝尔(Friedrich Frobel)发明的一套儿童视觉教导玩具——由一系列抽象的几何实体要素构成。

这一套带有新古典主义形体特征的系统也许同样影响了奥地利分离派(Secession)的建筑师约瑟夫·玛利亚·奥尔布列希(Joseph Maria Olbrich),他的分离派馆(图3-3)设计中采用的立方体与球体两个基本体块,很像是福禄贝尔给儿童设计的第一套玩具:于木盒中内置纱球[3]。在这方面,可以看出早期赖特与欧洲的联系。只不过在赖特那里,平面-空间-结构-体块-功能等因素被更紧密地整合在一起,外部形体与内部功能也相互一致,这些特征被赖特称为"有机的"(organic)。

虽然在形体要素方面应用了这些符合新古典主义精神的基本形体,但就其总体倾向来看,赖特更多地表现出某种自然主义,或许是哥特复兴式的,这在某种程度上与来自于英国的传统相关。事实上,早期赖特的建筑,其整体外形总是在古典式的立方体盒子和自由式的布局两类方案之间摇摆。

赖特建筑中出现的空间的概念很大程度上受到日本建筑的影响,后来赖特本人也引用中国古代哲人老子的话来解释他的建筑空间概念。格兰特·卡本特·曼逊(Grant Carpenter Manson)曾以日本建筑中的"凹间"(床の间)来解释赖特建筑中的壁炉,并赋予它某种精神上的神秘意义,以此形成居住生活的核心(往往与内部垂直方向的双层体积一起出现),并向四周水平伸展[4](图3-4)。

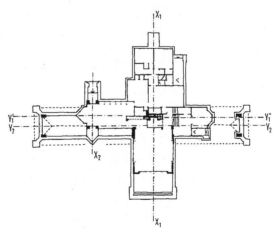

图3-4　威立茨住宅(赖特设计)
　　　　的中心与轴线

在20世纪20年代之后,也许是反过来受到欧洲言论的影响,赖特才有意识地用"打破盒子"和"流动的空间"来解释他早年的建筑设计[5]。根据赖特的介绍,他的第一个打破封闭盒子的建筑是拉金大厦。在该大厦的设计中,楼梯筒最终从主要建筑体的角部分离出来,而具有了相对自由和独立的特性(图3-5)。稍后设计的统一教堂设计则更充分地体现出空间的意图,不再由墙体所完全包围[6]。在这里,家庭火炉的神圣性扩大到工作及集会场所的神圣性[7](图3-6)。

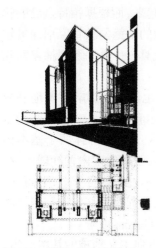

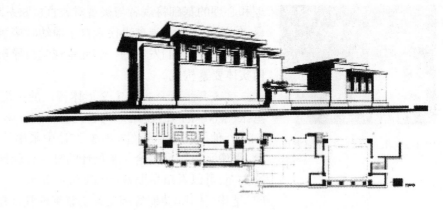

图 3-5　赖特:拉金大厦(左)

图 3-6　赖特:统一教堂(右)

赖特的空间的流动主要体现在水平方向,屋顶作为空间覆盖的重要性被赖特与水平向的伸展联系起来,在这种伸展的悬挑屋顶之下,室内外的空间连续性也得到了强调。

相对于屋顶的伸展,赖特建筑空间设计的另一个有效方式是角部的打开。赖特为这种做法找到了结构的依据:角部的支撑并非最有效的结构,而距离角部一定距离的结构支撑更为经济。通过转角的打开,原来封闭的"盒子"建筑的内外空间自然联系了起来。

如此,在赖特建筑中,墙体之间以及墙体与屋顶之间的分离和错动打破了封闭的"盒子",产生出连续的空间关系。赖特在处理这一问题时的技巧性在于墙体错动的同时仍保证了其作为承重结构的特性,空间限定要素与结构承重构件融为一体,这也是赖特的"有机建筑"的一个重要方面。也正是由于这一点,其空间主要是沿水平方向交错和流动的;在垂直方向,直立的墙柱尤其是壁炉则占据了统率的地位。

二、新造型主义–至上主义–康定斯基:抽象空间概念与新要素主义

如果说,美国建筑师赖特的建筑实践在一定程度上预示了现代建筑新的空间设计方法,那么,在欧洲,在立体主义之后的抽象形式美学则为这种新的空间设计提供了思想和理论。荷兰的新造型主义(*Nieuwe Beelding*)和俄国的至上主义(suprematism)是这方面的代表。从其中分别发展出风格派(De Stijl)和构成派(constructivism)这两个早期现代建筑的重要流派。

荷兰的新造型主义是在立体主义和未来主义之后的一种艺术主张。"新造型主义"一词来自于数学家 M.H.舍恩马克斯(M. H. Schenmaekers),后者深受新柏拉图主义的神学哲学的影响,在他的著作《世界新形象》中,提出了基本的三原色以及正交要素——水平线和垂直线的普遍意义。"三个原色主要是黄、红、蓝。它们是唯一存在的颜色……黄色是光线的运动(垂直的)……蓝是黄的对比色(水平的天空)……红是黄与蓝的交配"。至于两个基本的正交要素则是:"两个基本的、完全的对立面形成了我们地球以及地球上的一切,这就是:沿太阳旋转途径的水平线的

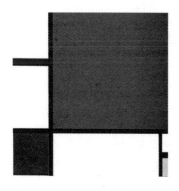

图 3-7　蒙德里安：红蓝黄构图
　　　　（1930）

力量，以及从太阳中心发射出来的光线的垂直的、广阔的空间运动。"[8]

　　这一点在彼特·蒙德里安(Piet Mondrian)的绘画中得到了充分的表现（图 3-7）。对于蒙德里安来说，要素就是三原色，以及水平线和垂直线。也正是通过蒙德里安，新造型主义成为荷兰风格派的思想核心之一。这种新的思想与一般建筑师的实践不同，它不太关注现实建筑的物质性，而更关注一种抽象的精神上的空间概念。在这一点上，它秉承了黑格尔的思想——将艺术视为某种思想和精神的体现。正如风格派的另一个主要人物凡·杜斯堡(Theo van Doesburg)所解释的那样：艺术已从表现实物转向表现一种空间的思想[9]。

　　与新造型主义相呼应的是俄国卡什米尔·马列维奇（Kasimir Malevich)的至上主义绘画，他采用了简单几何形作为其至上主义绘画构图的基本要素。至上主义与荷兰的新造型主义一起，发展了一种新的"要素主义"(Elementarism)的思想。从其中分别发展出风格派和构成派这两个早期现代建筑的重要流派。

　　尽管马列维奇绘画中采用的简单几何形，看上去似乎接近于加代的传统（体量要素）。不过，在后来要素主义的发展中，要素仅限于一个体量的结构部分——诸如在凡·杜斯堡的要素主义绘画中，要素或者是涂了色的区域，或者是其周围的框架，总之不是整体的色块形式；而在里特维尔德的乌得勒兹住宅中，要素是房子的结构，而不是加代的那种功能体块[10]。在这个意义上，也可以说，新的要素主义的主张似乎更多地与加代的第一类要素——建筑要素有关[11]。所不同的是：这些建筑要素不再组成一个房间或功能体块——构图要素。

　　另一方面，时任包豪斯基础课程教师的俄国人瓦西里·康定斯基写了《点、线、面》一书，从抽象艺术的角度，对"绘画要素"进行了精致的分析，这也对新的要素主义以及空间构成等思想产生了重要的影响。

　　下文将主要以风格派为例，继续说明这一新的形式和空间思想在建筑空间设计上的发展。

三、风格派：空间构成

　　对于蒙德里安而言，新造型主义的研究主要都是在二维画面上进行的，并且也仅限于二维平面，从来没有离开过。建筑空间的三维属性对于他来说则过于接近现实体验而被排除。与此相对照，风格派的另一位核心人物，凡·杜斯堡则更倾向于一种动态的四维空间的表现，并试图将其运用于建筑设计中。他于 1922 年至 1924 年的住宅设计方案中推出的一系列"反构成"(contre-construction)和"时间-空间构成"(construction de l'espace-temps)图式成为理解风格派空间的重要参照（图 3-8）。

　　这些图式采取了轴测的画法，这一画法在表达三维空间方面排除了与观者视点相关的透视变形。另一方面，该图式暗含了笛卡儿式的三维坐标系，采取 $x-y-z$ 三个正交的坐标方向。这些都更好地表达了一种统一的抽象的空间概念。在这一图式中，一些在三个维度方向（坐标）上相

图 3-8　凡·杜斯堡：住宅设计
　　　　方案

互平行或正交的面(包括局部的块),彼此分离又相互穿插、交错。在这里:平行或正交的关系暗示了某种抽象性的统一的空间结构——坐标网格;分离而又交互穿插的面则表达了一种动态的、连续的、流动的空间。新的空间概念显现了出来,它不同于以往的体量或房间的概念,而出现了一种突破内外界限的,被解放了的空间,这也是对其后的现代建筑发展来说非常重要的"连续空间"的概念。

在这里,在新造型主义的思想发展出一种新的"塑性的"空间形式,其要素已不仅是几何体块,而是更基本的——某种程度上相当于上述体块被打破后呈现的空间限定界面和结构要素。

在凡·杜斯堡写的《走向新的塑性建筑》(*Toward a Plastic Architecture*)——这也成为其后他的《要素主义宣言》(*Elementarist Manifesto*)的基础——中,指出建筑中空间和时间的问题,并提出:"新建筑是反立方体(方盒子)的,它不再寻求将不同的功能性的空间细胞设置在一个封闭的立方体盒子中,而是将这些功能性的空间细胞……从立方体的核心向外甩——由此,高度、宽度、深度,加上时间都趋向于一种在开放空间中的全新的塑性表现。这样,建筑具有一种或多或少的漂浮感,反抗了自然界的重力作用。"[12]

在这里,尽管作为某种住宅设计方案,这些相互穿插的面应为承重墙体与楼板,空间限定要素与结构承重构件仍是合而为一的——如同赖特的建筑那样。但是,凡·杜斯堡的空间构成图式似乎要超越赖特住宅的物质性,空间限定要素所具有的真实的结构和材料特性也被降至最低:各个块面不仅在水平方向,而且在既定的三维坐标网格的各个方向自由穿插和延伸,彻底打破了封闭的"盒子"。这种"漂浮"的、"反抗重力"的建筑所需要的是更为轻薄——或者至少是看上去轻薄的构件。新的混凝土板或粉刷的方法无疑为此提供了便利[13]。

此前,由风格派的重要成员盖里特·里特维尔德(Gerrit Rietveld)设计的红/蓝椅也许最能反映要素主义的特点(图3-9)。这一设计由一系列红/蓝两色的线性构件和面构件组成,彼此分离而独立,互不干扰,既无榫卯,也无开槽相嵌,而形成整体的空间结构;而这个整体,"清晰而自由的处于空间之中"。

而对于新的抽象的连续空间的概念,最能说明情况的是由弗里德里希·基斯勒(Friedrich Kiesler)在1925年巴黎展会上设计的奥地利馆(图3-10)。它以一种标准的要素主义方式,用木条和平板悬挂起一个空间网格。这里,彻底取消了室内外的界限,建立起一种新的统一体[14]。

在大多数风格派成员来说,他们追求的目标——无论蒙德里安的二维画面空间还是凡·杜斯堡的四维空间——是共同的:其所研究的都不是现实的三维物质空间的再现或体验,而是某种高于现实的精神上的抽象空间概念。这一点,正是大多数风格派成员的一个共同追求,也是他们对空间设计的一个主要贡献。

但也正是这一点,使得一种纯粹抽象的概念探索,在现实建筑空间

图3-9　里特维尔德:红/蓝椅

设计的发展中很难走得更为长久，风格派运动从开始到最终的分崩离析，其过程不到十五年。在风格派的成员构成中，有很大一部分是像蒙德里安那样的画家或艺术家；另一部分则是建筑师。最早的与风格派有关的建筑是罗伯特·凡特·霍夫（Robert Van't Hoff）受赖特的建筑影响而设计的别墅（图3-11）。对于霍夫来说，赖特的建筑是除了"新造型主义"之外的风格派思想的另一个来源。不过，在其后风格派的发展中，越来越趋向抽象的空间概念而少有建筑实物。而霍夫等最早的一批建筑师也都早早离开了风格派。只有其后加入的里特维尔德一直坚持在这个团体中，而在其建成的最重要的代表作品——施罗德住宅中，外部那些的面的构成基本脱离了内部空间和实际结构，而取向于抽象的形式（图3-12）。在此之后，杜斯堡和里特维尔德都不约而同地放弃了一些最初的原则，而转向某种新客观主义。对这种状况，曼弗雷多·塔夫里（Manfredo Tafuri）的评论是一个非常精辟而中肯的总结："只有当它们（指风格派的作品，笔者加注）保持世界的真实性，而不要求表达什么具体的结果时，它们对于真实世界才能产生有力的影响。"[15]

图 3-10　基斯勒：巴黎展会奥地利馆（左）

图 3-11　霍夫：位于 Huis ter Heide 的别墅（右）

四、影响和发展（构成主义、包豪斯、密斯等）

在俄国，与风格派相呼应的是构成主义运动，它与风格派一起，共同发展了新的要素主义和空间构成的方法。

这一点，在包豪斯的设计基础教学中也得到了很好地反映，诸如莫霍利-纳吉的《新视觉》和康定斯基的《点、线、面》。前者明确了一种运动的连续的空间，后者则在很大程度上提出了抽象空间要素研究的基础。通过包豪斯，一种新的抽象的、连续的空间概念在建筑基础教学中得到了确认，并成为现代建筑空间设计的普遍基础。

在这些新概念的影响下，现代主义的空间设计中形成了一整套的"空间限定要素"（element of spatial definition）——包括三维空间中各个方向的点-线-面要素[16]。在这里，"点-线-面"的称谓代替了传统的墙体、柱子、地面和屋顶，从而不再局限于任何具体的结构和功能含义，充分反映出一种抽象空间和形式构成概念，成为现代建筑空间设计中被广泛接受和应用的方法（图3-13）。值得注意的是，在实际情况下，这些"空间限定要素"往往同时也是建筑的结构构件，由此仍然可以联想到学院派传

图 3-12　里特维尔德：施罗德住宅

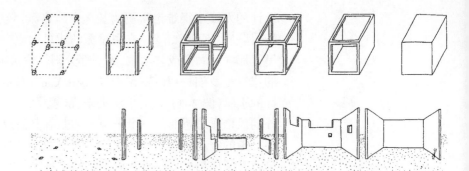

图 3-13　空间限定要素

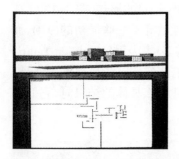

图 3-14　密斯:乡村砖住宅方案

统中加代所称的第二类要素——"建筑要素"(而非"构图要素")。

在赖特之后,密斯的建筑设计继续发展了新的连续(有时也被称为"流动")空间的设计方法。密斯早期设计的乡村砖住宅方案,其平面构成中风车形的承重墙设置,很像是凡·杜斯堡的某些早期风格派的绘画(图3-14)。而在稍后的巴塞罗那馆中,已完全没有了独立的房间概念和明确的室内外划分,只有一些独立的墙体(垂直面),地面及屋顶(水平面)。所不同的是,在这里,如上一节所讨论的那样,密斯引入了 8 根作为结构骨架的柱子,从而在某种程度上至少是"看上去"区分了承重结构和垂直的空间限定墙面 [17],而使后者成为一种解放了的自由平面。

密斯的各个时期的作品,所呈现的不同的空间形式和结构设计的方法,在某些方面反映了从赖特到风格派,以及上一章所讨论的新的框架结构等一系列影响,这也为下一章的探讨——有关现代建筑空间设计(形式和结构)的综合——作了很好的提示。

注　释:

1　有关塑性形式的问题,除了以风格派为代表的块面式要素构成外,还包括柯布西耶的几何体量式关系。前者可视为对立方体的分解,后者则保留了立方体等完整的体量关系。

2　Jurgen Joedicke, *Space and Form in Architecture* (Stuttgart: Karl Kramer Verlag, 1985), 146.

3　Vincent Scully, *foreword of :Studied and Executed Buildings by Frank Lloyd Wright* (London :Architectural Press Ltd., 1986), 6–7.

4　转引自:[美]肯尼斯·弗兰姆普敦著;张钦楠等译.现代建筑:一部批判的历史.北京:三联书店,2004:55.

5　参见:Cornelis Van de Ven, *Space in Architecture* (Assen, The Netherlands:Van Gorcum, third revised edition, 1987), 142–144.

6　Frank Lloyd Wright, *The Destruction of the Box*. In:Jonathan Block Friedman, *Creation in Space: a course in the fundamentals of architecture ,volume 1: Architectonics* (Dubuque, Iowa: Kendall/Hunt Publishing Company, 1989), 82.

7　[美]肯尼斯·弗兰姆普敦著;张钦楠等译.现代建筑:一部批判的历史.北京:三联书店,2004:57.

8　转引自:[美]肯尼斯·弗兰姆普敦著;张钦楠等译.现代建筑:一部批判的历史.北京:三联书店,2004:154.

9　Cornelis Van de Ven, *Space in Architecture* (Assen, The Netherlands: Van

Gorcum, third revised edition, 1987), 193.

10 Reyner Banham, *Theory and Design in the First Machine Age* (London: Butterworth Architecture, 1st paperback edition, 1972), 188–189.

11 Reyner Banham, *Theory and Design in the First Machine Age* (London: Butterworth Architecture, 1st paperback edition, 1972), 21–22.

12 转引自:Cornelis Van de Ven, *Space in Architecture* (Assen, The Netherlands:Van Gorcum, third revised edition, 1987), 200.

13 在材料的抽象化表达方面,这一点构成派的"新造型主义"与柯布西耶的"塑性"有着某种一致,而与赖特不同。受其影响的一些第二代建筑师所作的一些抽象化的"纸板建筑"曾受到赖特的批判。

参见:Frank Lloyd Wright, *The Cardboard House*.见:[美]杰伊.M.斯坦,肯特.F.斯普雷克尔迈耶编;王群,等译.建筑经典读本.北京:中国水利水电出版社,知识产权出版社,2004:387–398.

14 直到20世纪60年代,基斯勒仍坚信这种统一体的概念,而认为所谓的外部空间是不存在的错误概念,一切都是统一整体的一部分。与此同时,他于1960年设计了一个"无止境住宅"(The Endless House)。参见:Cornelis Van de Ven, *Space in Architecture* (Assen, The Netherlands:Van Gorcum, third revised edition, 1987), 200–203.

15 [意]曼弗雷多·塔夫里,弗朗切斯科·达尔科著;刘先觉等译.现代建筑.北京:中国建筑工业出版社,2000:116.

16 可参见:Pierre von Meiss, *Elements of Architecture:From Form to Place*, trans. Katherine Henault (New York:Van Nostrand Reinhold, 1990), 101–103.

17 对巴塞罗那博览会德国馆的形式与结构关系的深入研究,也发现:密斯在这里所作的结构骨架与空间围护面的区分并不像表面看上去的那样清晰。事实上,这里包含了形式和结构的多重考虑,而具有相当程度的内在复杂性。在对德国馆的结构分析中,那些看上去"自由"的墙体也支撑着屋顶,在某种程度上与钢柱一同起结构作用。参见:Robin Evans, *Mies Van der Rohe's Paradoxical Symmetries*, AA Files 19 (Spring, 1990), 56–69.

第四章 "装配部件"与形式结构

上述柯布西耶的"多米诺结构"和凡·杜斯堡的"空间构成"分别代表了现代建筑的两种新的空间设计"图式"（diagram）。这两种图式，均产生于 20 世纪 20 年代。在三十年后，以"得州骑警"为代表的战后第二代现代主义者，以此为基础，重新回顾和发展了现代主义建筑的空间设计，并在柯林·罗（Colin Rowe）等人的形式主义研究基础上，对这两个图式进行了综合，发展出以"九宫格"（nine-square problem）为代表的现代主义空间设计的新"图式"；同时确立了一种被称为"装配部件"（kit of parts）式的设计方法，即以一整套预先给定的要素来进行设计练习，这对其后的建筑设计和教学产生了广泛的影响。

对于"得州骑警"而言："九宫格"练习无疑映射出柯林·罗早期在"理想别墅"分析中采用的几何结构；并满足伯纳德·赫斯里（Bernhard Hoesli）对设计过程和分解练习的重视；同时也符合赫斯里和柯林·罗共同设定的现代建筑的办学背景和教学目标，尤其是对柯布西耶和密斯这两位现代建筑大师的参照——由此，对于早期"九宫格"练习创始人之一的斯拉茨基来说，"九宫格"一直是教导现代建筑的一个有效工具；而对于它的另一位重要创始人约翰·海杜克（John Hejduk）来说，"九宫格"更是一种纯粹的思想，是一个经典的开放的问题，并不仅仅有关现代建筑风格。

而就整个现代建筑发展的背景而言："九宫格练习"的设置，则被认为是综合了 20 世纪 20 年代的"空间构成"和"多米诺"结构这两个现代建筑早期的重要图式，并体现了鲁道夫·维特科维尔（Rudolf Wittkower）分析帕拉第奥的十二个别墅时采用的"抽象还原的平面逻辑"（reductive planimetric logic）。"这个问题的优雅与精巧在于它以某种方式综合了一系列的话题和要求。现代建筑学重新完全落脚于结构与空间这对孪生基础，虽然其技术前提存在了将近百年，但美学、哲学和智力的来源——例如，立体主义、自由主义、格式塔心理学、新批评主义，再加上对手法主义几何组织的重新理解——所有这些直到 20 世纪 50 年代才被整理为表达清晰的组合体。直到那时，它才可以为高级现代（或现代手法主义）的建筑设计和教学提供新的学科规训基础。"[1]

在以"九宫格"为代表的"装配部件"练习中，容纳了一系列建筑学的基本问题：诸如要素与结构、中心与边缘、构件与系统、抽象与具体、平面和立体、二维与三维、绘画与建筑等等。这些问题，伴随"得州骑警"和"九宫格"在世界各地的影响和发展，又有着多种不同的表现：伯纳德·赫斯里在瑞士苏黎世联邦高等工科大学（ETH）继续发展了他的"建筑设计基础教学"（Grundkurs），形成所谓的"苏黎世模式"（Zurich Model）；约翰·海杜克则将其带入美国库柏联盟的建筑基础教学中，并继续发展了"方盒子"问题(cube problem)、"胡安·格里斯"问题(Juan Gris problem)等一系列新练习;而以彼得·埃森曼(Peter Eisenman)为代表的"纽约五"(New York Five)则在一系列建筑设计实践和研究活动中继续了这种影响——包括埃森曼本人所进行的一系列形式操作和建筑"自主性"的研究等。

一、赫斯里和柯林·罗:现代建筑传统的重新回顾——"结构-空间"的双重主题

柯布西耶的"多米诺结构"和凡·杜斯堡的"空间构成"分别代表了现代主义建筑所提出的两种基本的空间图式。从其形成和发展的主要线索来看:前者更多地由实际的建造技术出发,将新钢筋混凝土结构框架与一种更为抽象和普遍的空间形式概念结合起来,从而展现了新的空间设计的可能;后者则更多地从新的艺术和哲学概念出发,发现了抽象的空间要素和构成概念,并试图将其应用于具体建筑设计中,虽然这种应用实践的工作主要并不是由风格派或凡·杜斯堡本人完成的。

这两种空间图式均出现于 20 世纪 20 年代,其对现代建筑的发展产生了广泛的影响。三十年后,在 20 世纪 50 年代美国的得克萨斯建筑学院,一批年轻人:由伯纳德·赫斯里(Bernhard Hoesli)和柯林·罗(Colin Rowe)牵头,主要成员还包括罗伯特·斯拉茨基(Robert Slutzky)、李·赫希(Lee Hirsche)、约翰·海杜克(John Hejduk)、甘·鲁恩(Kan Nuhn)、欧文·鲁宾(Irwin Rubin)等人,先后汇聚在一起——在对新的教学计划的商讨及开展过程中,他们重新回顾现代建筑空间形式的基础,探索系统的教授现代建筑的方法,彼此之间相互影响和激发,创造了至今仍不断引起回味的某种传奇。这批人后来被冠以"得州骑警"(Texas Rangers)这个带有美国"西部片"传奇色彩的称号[2]。

1954 年 3 月,刚刚来到得州的柯林·罗和已先此到来并进行了三年教改工作的赫斯里两人,一起向院长哈威尔·哈里斯(Harwell Harris)递交了一份备忘录,提出了当时的办学背景和目标。在这份备忘录中,明确了以弗兰克·劳埃德·赖特(Frank Lloyd Wright)、勒·柯布西耶(Le Corbusier)和密斯·凡·德·罗(Mies van der Rohe)等人的形式系统为参照,并特别提出了两张图:柯布西耶的框架结构"多米诺",和凡·杜斯堡(Theo Van Doesburg)的空间构成(图 4-1)——以此界定当时的情况。在赫斯里和柯林·罗看来,过去三十年的发展并没有在此之上产生出更多的东西[3]。这里,有必要对"多米诺结构"与"空间构成"这两个现代建筑的重要图式再作比较分析[4]。

首先,从体量(立方体)的角度来看:"多米诺结构"暗示着一种基本的立方体的体量单元以及内外关系,可以组合在一个更大的整体中——尽管这种单元的空间限定又是非常开放的,可以在其中容纳各种自由的形体和空间变化("构图四则")。与此对照,"空间构成"是所谓"反立方体"的、离心的、动态的、连续的,没有明确的边界,也没有内外的界限。

其次,就三维空间的各个方向或空间网格来看,两者似乎都有一个

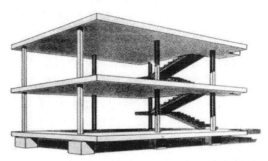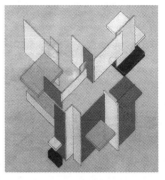

图 4-1 多米诺结构(左)和
　　　空间构成(右)

基本的空间网格。"多米诺结构"本身就暗合了某种抽象的空间网格,但柱子和楼板两种不同的构件限定出水平和垂直两个不同方向上的空间,其中"水平性"空间的延伸占据了主导——在这种水平性的空间中,空间限定要素未必再遵循结构体系的正交逻辑,而可以自由地弯曲。在"空间构成"中,各个面严格遵循着正交的关系,在三个方向上滑移、穿插或延伸,其背后的结构关系正是一套正交的三维空间坐标网格——这个坐标网格在各个方向上是均质的,构件似乎"漂浮"在抽象的空间中。

接下来,就其空间构成要素与结构的关系来看:"多米诺结构"是从结构框架出发,作为某种基本单元,其中潜藏着各种的空间限定的可能性,结构框架与下一步的空间限定是相互分离的两个体系。"空间构成"则主要由一些自由穿插、交错延伸的面和块构成,这些首先是一种抽象的空间限定要素,同时也是结构构件,体现出空间限定与结构支撑的合一。

最后,就表达方式看,柯布西耶的"多米诺结构"是一张黑白的带光影的透视图,视角接近于人眼高度,透视消失的方向配合上述楼板与立柱两种不同的构件,明确表达出水平方向与垂直方向的差异,整个图幅也呈水平横向展开;此外,尽管没有环境的表现,但地面上的阴影无疑加强了空间的真实性,显示出上下两个不同的方向。与此相比,凡·杜斯堡的"空间构成"则是一幅彩色的轴测图,在空间的三个方向上均质地展开,没有特别强调的方向,图幅也接近正方形;所有构件也都保持一种客观性,没有透视变形——尽管是结构构件,但其表现都如同悬浮在空中,似乎不受重力的影响,没有上下之分;此外,尽管使用了色彩,但这些色彩都是平涂的无光影和色调变化的原色色块,与其说是表达真实的材料和环境,不如说是以抽象的色彩进一步区分了各个抽象要素的表达。

二、柯林·罗和斯拉茨基:形式主义研究和透明性问题

"多米诺结构"与"空间构成"反映了现代建筑"结构-空间"这一对问题,被赫斯里和柯林·罗用来界定出"得州骑警"的办学背景。不过,需要另外指出的是,对赫斯里——尤其是柯林·罗来说,在"结构-空间"这一对问题之中,还包含了一种形式主义的思想。这使他们不同于战后美国一般院校所采用的纯粹功能主义(诸如简化的"泡泡图")或纯粹技术主义的设计模式,而得以重新诠释和发展现代主义的建筑空间。

就现代建筑空间设计而言，自 20 世纪 20 年代至 30 年代以来"空间"、"形式"、"设计"这些词汇就已开始在现代建筑界被广泛使用，与此同时，现代建筑发展中出现了一些空间形式设计的新的方法和原则。这些新的方法和原则对现代建筑的发展无疑产生了很大的影响，但对它们的一个深入的认识和系统整理，却是在一段时间以后才得以进行的，并完整地体现到建筑教育中。此前，在现代建筑早期的包豪斯教学中，有关新的空间方面的内容多体现在入门的基础训练中，并在相关的艺术设计教学中体现各种新的空间形式概念；而在较高年级的建筑设计教学中，却没有进一步的发展。其后一段时期的发展中，功能主义的方法在现代建筑设计及教学中迅速占据了主导的地位，而缺乏对空间形式问题的深入探讨和明确指导。

在这种情况下，20 世纪 50 年代，柯林·罗（Colin Rowe）等人开启了战后的形式主义研究，对当时以沃特·格罗皮乌斯（Walter Gropius）为代表的功能主义的"泡泡图"（bubble diagram）模式形成了批判。

柯林·罗的抽象形式主义的应用，很大程度上得益于他的老师维特科维尔，他早年（1947 年）的文章《理想别墅的数学》（*The Mathematics of the Ideal Villa*）中，所用的帕拉第奥的别墅的平面结构关系图式（图4-2），明显与维特科维尔在《人文主义时代的建筑法则》（*Architectural Principle: in the Age of Humanism*）一书中分析帕拉第奥的十二个别墅中所得出的几何图式如出一辙（图 4-3）[5]。这一点，正如维特科维尔在书名中已经表明的那样，无疑延续了古典人文主义的某种形式理性传统。而在 20 多年后，柯林·罗为《理想别墅的数学》一文所写的补遗中，明确坦承这种形式分析所受的沃尔夫林（Heinrich Wölfflin）的影响，后者于 19 世纪的艺术史研究中建立起一种形式主义研究的系统方法，使艺术形式的研究以一系列平面化的视觉形式为基准，并在一系列成对的相互比较的概念中进行。

柯林·罗于 1954 年的春季学期来到得州，并于 1956 年的春季学期结束后离开。在这里，他的《芝加哥框架》（*Chicago Frame*）以及和斯拉茨基开始合作的《透明性》（*Transparency*）等文章，进一步为这种形式主义打下了基础。

对于罗和他在得州的同事来说，有关抽象形式的关注，更直接的影响则来自于立体主义绘画。这种新的绘画艺术所引起的空间和形式方面的变化，如何反映在建筑设计中，这是罗和他之前及之后的几代人毕生探求的问题。

在 20 世纪初新发展起来的美学及心理学理论，尤其是"格式塔"（gestalt）心理学，为解读画面空间的结构和图–底关系等提供了新的有效的方法。在 20 世纪 50 年代，罗和斯拉茨基联系立体主义绘画和"格式塔"心理学的解读，分别以格罗皮乌斯的包豪斯校舍和柯布西耶的加尔歇别墅为例，提出两种"透明性"的问题，对现代建筑空间作出了某种划分和解释[6]。

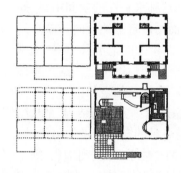

图 4-2　柯林·罗：理想别墅的数学

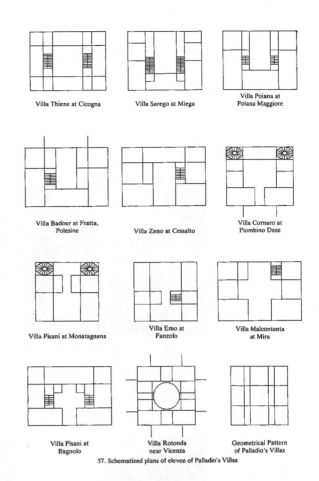

Villa Thiene at Cicogna　　Villa Sarego at Miega　　Villa Poiana at Poiana Maggiore

Villa Badoer at Fratta, Polesine　　Villa Zeno at Cessalto　　Villa Cornaro at Piombino Dese

Villa Pisani at Monatagnana　　Villa Emo at Fanzolo　　Villa Malcontenta at Mira

Villa Pisani at Bagnolo　　Villa Rotonda near Vicenza　　Geometrical Pattern of Palladio's Villas

57. Schematized plans of eleven of Palladio's Villas

图 4-3　维特科维尔：帕拉第奥的十二个别墅的几何图式

"透明性"的概念来自于乔治·科普斯（György Kepes）《视觉语言》（*The Language of Vision*）一书中的定义："当我们看到两个或更多的图形层层相叠，并且其中的每一个图形都要求将共同叠和的部分归属于自己，那么我们就遭遇到一种空间维度的矛盾。为了解决这一矛盾，我们必须设想一种新的视觉属性。这些图形被赋予透明性：即它们能够相互渗透而不在视觉上破坏任何一方。然而透明性所暗示的不仅仅是一种视觉的特征，它暗示一种更广泛的空间秩序。透明性意味着同时感知不同的空间位置。在连续的动作中，空间不仅后退而且波动（fluctuate）。这些透明图形的位置具有同等的意义，每个图形看上去同时既远又近。"[7]

在接下来的研究中，柯林·罗和斯拉茨基首先区分了两种透明性："透明性也许是物质（substance）的一种固有属性，比如玻璃幕墙；或者它也可能是组织（organization）的一种固有属性。基于这一原因，我们能区分两种透明性：字面的（literal）透明性和现象的（phenomenal）透明性。"并且提出："我们对字面的透明性的感知似有两个来源：立体主义绘画和所谓的机器美学。我们对现象的透明性的感知则仅来源于立体主义绘画。"[8]

在对一系列现代绘画作品的比较中，最显著的也许是莫霍利–纳吉（Moholy-Nagy）在 1930 年的作品《萨尔河》（图 4-4）与费尔南德·莱热（Fernand Léger）在 1926 年的作品《三张脸》（图 4-5）的比较。"莱热所关注的是形式的结构,莫霍利则关注材料和光;莫霍利接受了立体派的形,但将其从空间基体(spatial matrix)中抽取出来,而莱热则保留甚至强化这种典型的立体主义的介于形和空间之间的张力。"与此相连的,则是所谓"深空间"(deep space)与"浅空间"(shallow space)两种基本分类。"字面的透明性,如我们所知,多伴随着幻象(*trompe l'oeil*)的效果,如同一个透明的物体位于深邃的自然主义的空间之中;然而现象的透明性则似乎来自于一个画家力图清晰表达位于浅平的抽象的空间中正面摆放的物体。"[9]

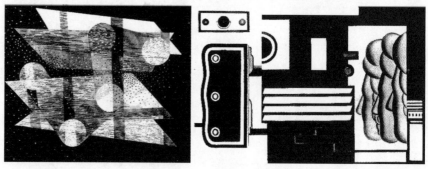

图 4-4　莫霍利–纳吉:萨尔河
　　　　(左)
图 4-5　莱热:三张脸(右)

　　接下来,作者以柯布西耶的加尔歇别墅(图 4-6)为例,在对其正立面的分析中发现了一套"空间层化体系(spatial stratification)",与莱热的绘画之间建立了最为紧密的联系。而格罗皮乌斯的包豪斯校舍(图 4-7)与莫霍利·纳吉的绘画在表达上则有着共通的趣味。

图 4-6　柯布西耶:加尔歇别墅
　　　　(左)
图 4-7　格罗皮乌斯:包豪斯
　　　　校舍(右)

　　从对画面空间分析中产生的透明性的概念,虽然其对现代建筑的影响可能远远超出画面之外,但从空间设计的角度出发,这一概念的直接有效的运用仍然离不开画面或图纸平面的讨论。由此展开二维的图面空间与三维现实空间的探讨,在现代建筑空间设计中影响深远。

三、斯拉茨基和赫希:基础训练中的"九宫格"雏形——网格与基本形式要素

　　在得克萨斯,斯拉茨基和赫希的基础课程无疑直接反映了某种形式和空间训练的意图。两人都是约瑟夫·艾伯斯(Josef Albers)的学生,后者曾主持了包豪斯后期的基础课程教学。在柯林·罗的推荐下,两人于1954 年的秋季学期来到得州,并在两年后,同样于 1956 年的春季学期

结束后离去。在这里,他们从画家的角度出发,为有关空间形式的训练设置了一系列的课程练习。

在这些基础课程中,斯拉茨基和赫希设置了一套有关三维设计的训练方法,这成为后来著名的"九宫格练习"的雏形:设置三乘三的九个相同的立方体作为基本网格,在此网格线上摆放一定数目的灰卡纸板,来围合、限定或分隔出各种基本的空间组织关系。这项练习突破了传统二维绘画的限制,而直接采用板片在三维空间中进行空间组织。另一方面,这种组织采用了严格的网格,表达出某种几何性和秩序的控制。这两方面都为后来的"九宫格"埋下了伏笔。

这种形式空间反映了现代艺术中的抽象性和逻辑性的要求,当时斯拉茨基的画风正是某种"新古典的";同时他也将绘画研究中有关"格式塔"心理学对空间和形式感知的影响带入课程训练之中,以讨论诸如"疏与密,张与压,几何组织的力动,以及格式塔式的围合"等问题[10]。

而另一方面,有关形式空间的这种方向也符合前述赫斯里和柯林·罗对当时现代建筑的状况和办学背景的一个定位,以赖特、柯布西耶和密斯等人的形式系统为主要参照——尤其是后者,以至于许多年后,斯拉茨基仍然坚持"九宫格"练习与以密斯为代表的经典现代主义之间的联系。

不过,正如斯拉茨基所说的那样,当时的这项练习并没有直接与建筑相关,而最多只是一些"面"的塑性延伸和压缩。因而更像是绘画或雕塑,而非建筑[11]。

四、海杜克:"九宫格"练习——基本形式要素与建筑构件

由斯拉茨基和赫希的抽象的形式空间构成练习转向更综合的建筑练习,这是九宫格发展的关键之处,这一重要变化,则是由当时刚刚来到得州的另一个成员——约翰·海杜克来完成的。

与斯拉茨基和赫希一样,海杜克也在 1954 年的秋季学期来到得州,并于 1956 年的春季学期结束后离去。作为一名建筑师,海杜克对现代艺术也有着很深的素养。当时他正刚刚结束一段在意大利的访问生涯,沐浴于亚平宁半岛的古典主义光辉之后,海杜克本人也从早期无所拘束的浪漫主义中感受到了另一种理性的控制力。而另一方面,刚到得克萨斯的海杜克也发现自己在建筑构造和具体细节问题上的不足。这些可能都促使他更多地采用框架的控制。

总之,在各种因素促动下,海杜克在斯拉茨基等人的形式训练中,看到九个立方体所组成的网格作为建筑空间结构的可能及其意义:如果将网格的交点在垂直方向立起则成为柱,那么在柱之间的水平联结的则是梁,由此一个框架结构就出现了——在这个框架中:底面成为地面,垂直方向的板片成为墙,水平方向的板片则成为楼板。如此,"点-线-面"等抽象的空间形式要素与"梁-柱-板"等具体的建筑构件联系了起来,在这种双重基础之上,九宫格练习成为建筑设计入门的

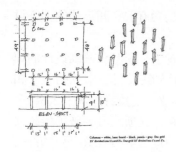

图 4-8　海杜克：九宫格示意图

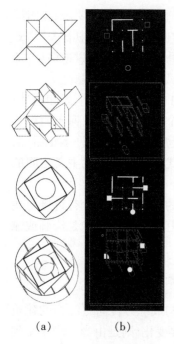

(a)　　　　(b)

图 4-9　九宫格练习：海杜克
　　　　(a)与斯拉茨基(b)指
　　　　导

一个经典练习(图 4-8)。

"九宫格"练习在建筑教学中,首先采用了预先设定的要素和框架,对建筑的形式空间问题进行了清晰的界定。在这里,预设的框架作为练习操作的条件或参照,操作对象则是预设的一些板面或体块。这种预设:综合了前面多次提到的 20 世纪 20 年代凡·杜斯堡的"空间构成"和柯布西耶的"多米诺结构"这两个现代建筑的重要图式,使结构和空间这两类问题以成对的方式进入了设计练习中;与此同时,它也反映出一种形式结构关系,包含了基本的空间网格模数和数字比例关系。这些预设符合前述赫斯里和柯林·罗的教学目标以及对当时现代建筑的状况和办学背景的一个定位。因此,对于前述"九宫格"练习的创始人之一的斯拉茨基来说,"九宫格"一直是教导现代建筑的一个有效的工具(图 4-9a)。

而对于海杜克来说,九宫格则代表了一种普遍性的问题,而与现代建筑风格无关(图 4-9b)。这种认识更多地关注九宫格本身所蕴涵的基本形式和要素:"九宫格是一种隐喻,在我看来……在过去 30 年中,它仍然总是一个经典的开放的问题。它无关风格，它是独立分开的(detached),以其空空而永无止境(unending in its voidness)。"[12] 在海杜克的"得克萨斯住宅"设计系列中,以九宫格为母题,作了一系列的空间类型:从文艺复兴的古典式，到密斯式的流动空间以及柯布西耶式的分层叠加,尝试了各种不同的可能性(图 4-10)。

"九宫格问题用作为一种教学工具,以向新生介绍建筑学。通过这个练习,学生发现和懂得了建筑的一些基本要素:网格,框架,柱,梁,板,中心,边缘,区域,边界,线,面,体,延伸,收缩,张力,剪切,等等。……显示了对于要素的理解,出现了关于结构组织(fabrication)的思想"[13] 在对九宫格练习所作的这段介绍中,海杜克谈到九宫格练习及其中一系列成对的要素,已不仅仅限于"结构-空间"这一对问题,而在抽象形式和具体构件之间的各个层面上展开了更普遍的对话关系。

在这段介绍中间,海杜克还谈到:"学生开始探查平面、立面、剖面和细部的意义。他开始学着画图,开始理解二维图画、轴测投形以及三维(模型)形式之间的关系。学生用平面轴测研究和绘制他的方案,并用模型探寻三维的含意。"[14] 这段话道出了九宫格练习在操作中的一个重要方面:使学生在图纸和模型之间,在二维平面和三维空间之间,以及与此相应的抽象形式和具体实物之间,不断地转换,从而熟悉和掌握建筑空间操作的这些基本手段和方式,以此从不同的维度和不同的抽象程度上理解建筑空间。在这些关系的讨论中:一方面,二维平面关系无疑是最重要的,最初的九宫格练习设置也多以单层空间为主;另一方面,同时也强调轴测和模型,以使初学者在二维和三维之间,以及图纸和实物之间建立相互联系和转化的基础。

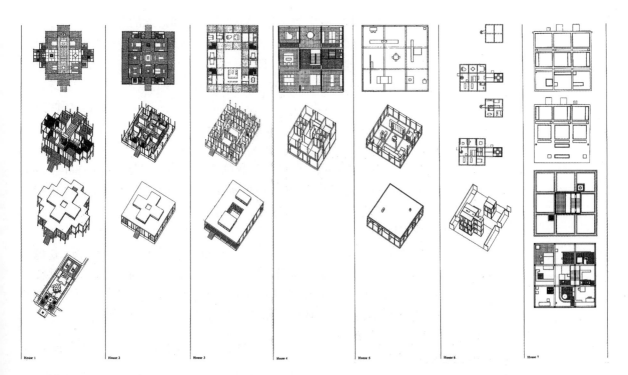

图 4-10 海杜克:得克萨斯住宅

五、赫斯里:建筑分析练习——系统与组织

"得州骑警"对现代建筑及空间的教学,具体体现为对一系列的设计过程和设计练习的重视,以此训练学生理解和掌握现代建筑。在这些设计练习中,对后来的建筑教学较有影响的,除了上述"九宫格"练习,还有"建筑分析"练习(analysis problem)。

此前,赫斯里就已在设计课程的教学中提出"每日一题"的分项练习方法,将设计题分解为问题、要求和目标,并每次都配以对所需应用的设计原理和方法的讲解,以使学生进入一种有序的设计过程之中,并辅以一系列有关最近建筑和艺术发展的正式讲课。作为"得州骑警"的一名重要发起人,赫斯里于1951年秋季学期就已来到得州,并开始了教学改革的尝试。而在柯林·罗、斯拉茨基、海杜克等人纷纷离去之后,他仍坚持留到了1957年,成为唯一与"得州骑警"所有成员共事过的重要核心人物。

"建筑分析"练习的设置正是在得州骑警的中后期(1956年至1957年)。此前赫斯里曾设置过一个"平面解读"练习(plan interpretation problem),让学生学习并理解赖特的建筑空间,但结果不太理想——与这个练习一样,建筑分析练习也是为了让学生从现代建筑大师的典例中来学习。当然,这一次,赫斯里等人在其中引入了另一个重要的问题:即有关建筑"系统"(system)的问题及其组织原则。在所提的"建筑分析"练习的任务要求中,除了典例问题、空间概念及操作(handling space)问题、平面–剖面读图问题之外,还特别提出了要通过区分承重要素和非承重要素来理解结构,并要表达出结构概念和空间概念的关系 [15]。

这里再次提出了"结构–空间"这一对问题,不过,在这里,这个问题的提出是与对建筑系统的关注联系在一起的。对于建筑系统的关注和研究在得州骑警的教学思想中由来已久。在早些时候,柯林·罗的《芝加哥框架》及《新古典主义》(*Neo-Classicism*)研究中,已可以看到这种缘由。而在上述斯拉茨基和海杜克的九宫格练习中,无论是二维还是三维,对空间组织系统的研究都至关重要。

而在当时得州骑警的另一位教师沃纳·塞利格曼(Werner Seligmann)看来,系统及有关建筑分析问题的提出在得州骑警是为了解决此前提出的有关"想法"(idea)的问题而被推出的,其推演关系为:想法–组织原则–系统 [16]。

建筑分析练习的成果主要有一系列的典例模型。按照规定,这些模型都以不同的模型材料区分了"结构–空间"两个不同的系统。这些模型采用相同的比例和规定的材料和制作方法完成,它们放在一起时,相互比较之下所产生的整体效果更清楚地表达了空间教学的意图。

六、海杜克:"方盒子"练习与"菱形住宅"——二维平面与三维空间

在前述海杜克所做的"得克萨斯住宅"系列中,开始的几个方案也都是一层的,以平面和轴测对应表示;之后则往垂直方向发展,开始突破最初九宫格练习在平面上的主导性,研究多层的平面和空间关系,并采用柯布西耶式的分层叠加的设计方法。

"得克萨斯住宅"系列开始于得州,前后的工作持续了十年。在离开得克萨斯七年之后,海杜克于 1963 年来到纽约的库柏联盟。在这里,继"九宫格"之后,他又发展了一般所谓的"方盒子"练习(cube problem):将九宫格的二维平面在垂直方向上升起成为一个九米见方的立方体,从而更多地引入了三维空间的问题(图 4–11)。"对于建筑师来说,典型的情况是先给定功能要求,由此得出最终的形体;但确实还有一种可能的情况是与此相反的:就是先给定形体,由此产生功能。这正是方盒子练习的一个基本前提。"[17]

对于海杜克来说,与"九宫格"相对应,"方盒子"练习的意义,还在于他一直关心的二维和三维空间之间的相互关系,尤其是平–立–剖这些正投形图与轴测图之间的相互关系的研究。在此,海杜克发现了一种新的特殊的图面与空间表达及研究方法,即所谓"菱形住宅"(diamond)系列(图 4–12)。

在解释菱形住宅中旋转的正方形边框时,海杜克谈到风格派运动中彼特·蒙德里安(Piet Mondrian)的二维平面与杜斯堡的动态空间的争执。按海杜克的理解,蒙德里安不能容忍画面中出现杜斯堡那样斜向的动态要素,他的办法是保持画面的水平与垂直两类正交要素不变,而将画框旋转 45 度。这正是海杜克旋转菱形住宅平面时所要做的。

旋转后的边框与内部要素之间形成一种张力的对比,内部要素仿佛

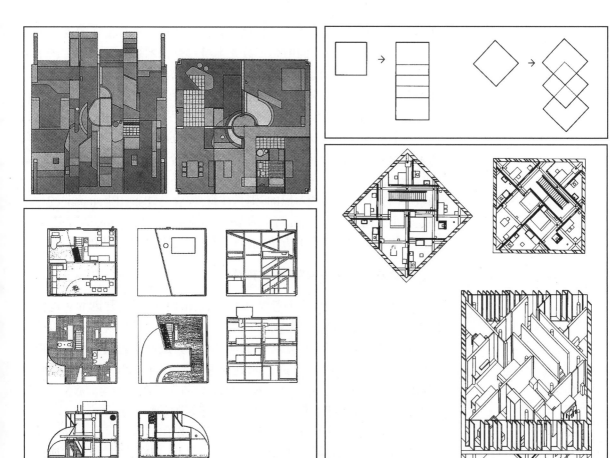

图 4-11　海杜克:方盒子练习(左)
图 4-12　海杜克:菱形住宅(右)

不受边框的限制,而向外继续伸展。这无疑加强了一种空间的边缘性特征。不过,对于海杜克来说,这一方法所产生的特殊效果,还表现在轴测图的绘制中。一般的轴测图,将二维的平面旋转 45 度后在垂直方向上升起,清楚地区分了 x–y–z 轴三个方向,而成为三维的表达;而在用同样的方法绘制的"菱形住宅"轴测图中,旋转后的平面和立面则叠合在一起,在三维的轴测图中获得了一种二维的"正面性"(frontality)的特征,从而获得了不同维度之间的模糊性的关系。这种正面性,在随后海杜克的研究中,逐渐取代平面关系,占据了主导的地位,并体现在其后的"墙宅"(wall house)系列中。

与"九宫格"练习曾指出的"平面–轴测–模型"的不同表达关系一样,以上这些研究,也都表明了一种对于图面表达方式的重视。在这里,继承了风格派的传统,轴测图作为一种剔除了主体视点的客观的三维空间的表达方式,与各种正投形的"平–立–剖"面图一起,成为最主要的表达方式。由此展开了一种有关建筑设计及表达的自律性的研究——在这种自律性的研究中,原本作为设计媒介的图面本身,其所有的某种自律性特征已使它自身成为一个独立的研究对象。

事实上,无论是早期的柯布西耶和风格派,还是后来的"得州骑警",

他们对有关基本形体和空间的组织的研究，其背后都有很深的现代艺术文化素养作为基础，他们中大多数人本身都是艺术家——或是对艺术史有着相当深入的研究。这与他们对图面和建筑、抽象几何形式与空间的理解都是不可分的。这一点，往往为后来人所忽视。

在随后的影响中，以九宫格为代表的练习在世界范围内传播开来，但在一般的理解中，它越来越趋向于一种抽象的形式空间训练，这种训练，如果缺乏新的发展或相关艺术方面研究的配合，则会流于简化，并且流露出过于抽象的一面。在这种发展中，海杜克本人在库柏联盟后期转向了一种叙事的方式。与此相对照的，则是彼得·埃森曼（Peter Eisenman）的一系列建筑形式研究，也是以九宫格为基础，但排除了形式与功能的特定关联，借用结构主义和语言学的方法，走向了形式本身的操作和转化。

七、埃森曼："深层结构"与形式操作

在美国，继得州骑警的教学实验之后，由柯林·罗所开创的对现代建筑先锋派的重新研究和探索，其影响继续体现在彼得·埃森曼和海杜克等人组成的"纽约五"（New York Five）身上，其成员还包括：迈克尔·格雷夫斯（Michael Graves），查尔斯·格瓦斯梅（Charles Gwathmey），理查德·迈耶（Richard Meier）。他们延续和发展了战前先锋派的美学，探求一种自主的建筑学，成为战后第二代现代主义建筑师的新代表。

对于埃森曼来说，九宫格常常是其形式操作的出发点。在埃森曼的一系列住宅研究中，可看到这种影响（图4-13）。但在这里，与上述斯拉茨基与海杜克的理解所不同的是：九宫格问题的核心不再是结构-空间这一对问题——或者说，不再是以静态的结构框架或网格为参照条件，并相应以动态的板块间的（空间）构成为主要操作对象。新的转变在于：结构框架或网格本身，与上述板块一样，都成为某种动态操作的对象或"图"（figure）（图4-14）[18]。

这种有关框架和网格的概念更早地见于上述柯林·罗在《理想别墅的数学》一文中的研究——当然，罗的研究又受到维特科维尔对帕拉第奥别墅的几何分析的影响。就这方面的比较来看，与罗不同的是，对于埃森曼："网格本身可以从一种解析的描述工具——战后形式主义的隐含的基础——变成一种可作自身操作的素材。当然，这种方向与罗恰好相反；后者出于对理想网格的稳定化基层所赋予的无时间性相似的偏好，

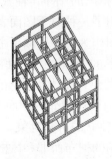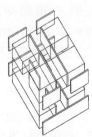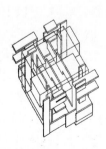

图4-13　埃森曼：住宅Ⅳ

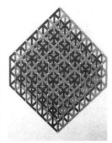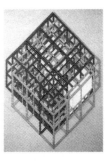

图 4-14　埃森曼:住宅Ⅵ

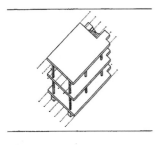

图 4-15　埃森曼:重新解读多
　　　　米诺结构

筛除了时间的野性因素"[19]。

在 20 世纪 70 年代末,埃森曼在一篇文章中对 20 世纪初柯布西耶的"多米诺结构"的图式进行了再次解读,将其按典型的现代建筑轴测图(原图为人眼透视)的方法,重新绘制,并加以分解和比较,从中提出有关建筑的"自我指涉"(self-referential)问题,作为其对现代建筑的重新理解(图 4-15)[20]。

埃森曼的这一系列努力都源自于他所谓建筑的"自主性"(autonomy)问题。在最初的一系列住宅研究的同时,埃森曼也接受了诺姆·乔姆斯基(Noam Chomsky)的结构主义的影响,提出了"深层结构"(deep structure)与"浅层结构"(surface structure)的问题,开始关注句法关系(syntax)而非语用意义(semantic),将所谓建筑空间形式的自律性研究推向了某种极致。点-线-面等基本要素,在埃森曼那里,其重要之处不在于其本身,而在于其所处的相互关系中。而这些结构关系,在后来的发展中,也不只有固定的统一的结构,而呈现出开放性。这种开放性,又最终使得他的研究不仅限于抽象的形式操作,而引向更多的可能 [21]。

八、影响和发展:"九宫格"、"装配部件"与设计教学

九宫格等练习采取的预设要素和框架的方法,亦即所谓"装配部件"(kit of parts)的问题——以一整套预先给定的要素来进行相应的设计练习,对建筑教学产生了很大的影响。

如上所述,斯拉茨基和海杜克等人将这种方法引入美国库柏联盟的建筑基础教学中,继而提出"方盒子"问题,"胡安·格里斯"问题(Juan Gris problem)等。20 世纪 80 年代美国纽约理工学院建筑学教师弗理曼(Jonathan Block Frieman)编的建筑基础教程(该书由斯拉茨基作序)中,也谈到"装配部件"的影响,并将这种影响追溯到得州骑警和"九宫格练习"(图 4-16)[22]。

赫斯里在瑞士苏黎世联邦高等工科大学(ETH)的教学,则继续发展了他的"建筑设计基础教学"(Grundkurs)[23],形成所谓的"苏黎世模式"(Zurich Model)[24],并提出一系列新的基础设计练习:诸如"空间的延伸"(spatial extension problem);"空间中的空间"(space within space);"处于文脉空间中的空间"(space within space in context);等等。赫斯里的建筑设计基础教学,分为建筑设计、构造设计、绘图与图形设计这三个相互作

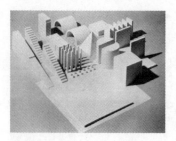

图 4-16　弗理曼：建筑基础教程中的装配部件

用的部分。其继任者 H.克莱默(Herbert Kramel)则将建筑设计与构造两门课程合二为一,进一步将建筑设计基础课程发展成以空间为主线,包括文脉环境和材料结构因素在内的,一套结构有序的教学体系(图 4-17)[25]。

在一定程度上秉承瑞士苏黎世联邦高等工科大学的影响,香港中文大学建筑系教师顾大庆和维托·柏庭卫(Vito Bertin),近年来在其指导的"建构工作室"中,开展了一系列新的研究(图 4-18):设定"块-板-杆"三种基本的建构要素,通过研究其操作与生成过程,以及模型材料与建筑材料的转化关系,继续发展了一种空间形式教学。在这种操作方法中:预设要素体现为不同的模型材料,并以不同的操作方式,对最初的构思形式和最终的建造形式产生影响:"块、板和杆分别激发不同的操作,进而导致不同的空间效果。"[26]这项研究特别提出:"建构的教学,究其本质,是一个特殊形式的学术研究……设计教学本身带有推进学科发展的任务……设计工作室……从单纯的传授设计方法和知识到发展设计新概念和新方法。"[27]这一思想,与最初九宫格通过设定要素来教导现代建筑的理解相比,又有了不同的发展,强调出空间教学操作自身的规律性及其对学科发展的促动。

在 2004 年的一期《哈佛设计杂志》(*Harvard Deign Magazine*)中,由蒂姆西·拉夫(Timothy Love)写了《装配部件的概念主义》(*Kit-of-parts Conceptualism*)一文,将由"九宫格"练习所代表的"装配部件"的设计思

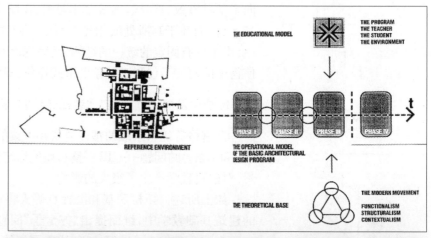

图 4-17　赫斯里,克莱默:苏黎世模式

图 4-18　顾大庆,维托·柏庭卫:建构工作室

想放在当前美国建筑教育的普遍背景中(诸如一般大众对建筑的图像化理解等)作了分析,文中提及一些其他方向的新趋势:主要是自20世纪80年代末以来出现的"做中学"(learning by making)的趋势(更注重挖掘材料的特性),以及"叙事"(narrative)问题的引入等。这些问题在某些方面弥补了"装配部件"趋于抽象化方面的不足,但其自身都缺乏一个明确的操作性的教学框架。在这种情况下,作者再次重申了"装配部件"的意义,以提供一个基础的讨论平台,并发挥其操作性的意义,将其与各种具体问题的讨论联系起来[28]。

从最初斯拉茨基和赫希的基础训练课程到海杜克的建筑设计课程,从得州到库柏,从抽象形式到具体建筑,"九宫格"练习已充分发展了有关平面与空间,图纸与模型的各个维度。自20世纪50年代以来,持续五十年的影响和发展又给"九宫格"问题的讨论增添了很多其他的可能,而由它所映射出的有关现代建筑和教学的基本问题也愈加显现——特别是今天,各种新问题竞相涌现,要求不断重新回顾和诠释建筑学的基础和传统。作为一项经典的设计练习,"九宫格"的一个成功之处在于将"点–线–面"等的抽象问题与"梁–板–柱"等的具体问题结合起来。它既是一种抽象的思想,又是一种坚实的建造。这已经具有了一种基本的双重属性,使之在建筑学讨论中发挥着经久不衰的作用。

作为一种抽象的思想,"九宫格"延续了一系列形式主义的研究成果。这一系列研究,从维特科维尔对帕拉第奥别墅的几何图式分析开始,建立了一种从古典主义到现代建筑的分析基础。这个基础,从某种程度上提供了建筑学讨论的一个理想框架,不变的几何结构,诚如柯林·罗对"理想别墅"的数学研究那样。在这种背景下,"九宫格"一方面是现代主义建筑的教导工具,另一方面也被视为有关更普遍的建筑学基本问题的框架,在它身上,已承载了某种建筑学的基本传统。而对于当代建筑学来说,如何延续这种传统,继续发挥"九宫格"的抽象思想,使之获得新的活力而非成为僵化的框架,则成为一个新的问题。它还能继续作为一种稳定不变的解释或分析工具吗?抑或成为一种动态的生成工具?埃森曼的这个问题已经指出了一种新的发展方向:"在什么情况下九宫格超越纯粹几何而成为一个图解?"[29]

作为一种坚实的建造,"九宫格"本身已反映了现代建筑材料和结构方式的转变。海杜克的"得克萨斯住宅"(Texas House)系列,即致力于将九宫格问题与材料构造联系起来,进行了深入细致的探讨,并在其中加入了场地和功能的因素。赫斯里和克莱默的"苏黎世模式",同样强调材料和结构的因素,并进一步加入了场地文脉的因素。对于当代建筑学来说,在"九宫格"的抽象形式之中——无论是理想的几何框架还是特定的操作"图解",如何引带入真实的建筑因素——包括材料、场地、功能、体验等,依旧是成为一个常新的问题。这样的探讨,将有可能使"九宫格"所代表的某种抽象思想浸润在各种具体因素或情境之中,并期望它们之间相互影响、彼此生发而"永无止境"。

注 释:

1 R. E. Somol, *Dummy Text, or Diagrammatic Basis for Contemporary Architecture*, introd. Of: Peter Eisenman, *Diagram Diaries* (New York: Universe, 1999), 12.

2 "得州骑警"这个名称源自于当时一部美国"西部片"电影名称,后被建筑界援引,用于称谓曾经聚集在得克萨斯的这批青年新锐。

3 Alexander Caragonne, *The Texas Rangers: Notes from an Architectural Underground* (Cambridge, Mass.: The MIT Press, 1994), 34–35.

4 有关这两个图式的比较分析可另外参见:Alexander Caragonne, *The Texas Rangers: Notes from an Architectural Underground* (Cambridge, Mass.: The MIT Press, 1994), 36–37.

5 参见:Rudolf Wittkower, *Architectural Principle: in the Age of Humanism* (London: Academy Edition, 1988), 69.

6 近来的研究指出:尽管透明性一文在阐释现代主义建筑空间方面发挥了无可置疑的重要作用,但柯林·罗和斯拉茨基对"格式塔"心理学的应用,以及所选案例的代表性, 都有一些失准或值得商榷之处。参见:Rosemarie Haag Bletter, *Opaque Transparency*, Oppositions 13(1978), 115–120.

7 Györge Kepes, *The Language of Vision* (Chicago: Paul Theobald, 1944), 77. In:Colin Rowe and Robert Slutzky, *Transparency*, with a Commentary by Bern Hoesli and an Intro. by Werner Oechslin, trans. Jori Walker (Basel; Boston; Berlin: Birkhäuser, 1997), 22–23.

8 Colin Rowe and Robert Slutzky, *Transparency*, with a Commentary by Bern Hoesli and an Intro. by Werner Oechslin, trans. Jori Walker (Basel; Boston; Berlin: Birkhäuser, 1997), 23.

9 Colin Rowe and Robert Slutzky, *Transparency*, with a Commentary by Bern Hoesli and an Intro. by Werner Oechslin, trans. Jori Walker (Basel; Boston; Berlin: Birkhäuser 1997), 32.

10 Alexander Caragonne, *The Texas Rangers: Notes from an Architectural Underground* (Cambridge, Mass.: The MIT Press, 1994), 190.

11 Alexander Caragonne, *The Texas Rangers: Notes from an Architectural Underground* (Cambridge, Mass.: The MIT Press, 1994), 190.

12 John Hejduk, *Mask of Medusa* (New York: Rizzoli International Publications, Inc., 1985), 129.

13 John Hejduk, *Mask of Medusa* (New York: Rizzoli International Publications, Inc., 1985), 37.

14 John Hejduk, *Mask of Medusa* (New York: Rizzoli International Publications, Inc., 1985), 37.

15 Alexander Caragonne, *The Texas Rangers: Notes from an Architectural Underground* (Cambridge, Mass.: The MIT Press, 1994), 269.

16 Alexander Caragonne, *The Texas Rangers: Notes from an Architectural Underground* (Cambridge, Mass.: The MIT Press, 1994), 268, 11.

17 John Hejduk and Roger Canon, *Education of an Architect: A Point of View, the Cooper Union School of Art & Architecture* (New York: The Monacelli Press, 1999), 121.

18 Somol 在介绍埃森曼的文章中,曾谈到"结构的对象化","结构成为图",以及 "网格的手法主义"等问题。详见:R. E. Somol, *Dummy Text, or Diagrammatic Basis for Contemporary Architecture*, introd. of: Peter Eisenman, Diagram Diaries (New York: Universe, 1999), 17.

19 R. E. Somol, *Dummy Text, or Diagrammatic Basis for Contemporary Architecture*, introd. of: Peter Eisenman, Diagram Diaries (New York: Universe, 1999),11.

20 Peter Eisenman, *Aspects of Modernism: Maison Dom–ino and Self–Reference*

Sign. In:K. Michael Hays, ed., *Oppositions Reader：Selected Readings from A Journal for Ideas and Criticism in Architecture*, *1973–1984* (New York：Princeton Architectural Press, c1998), 188–198.

21　关于埃森曼的形式操作中主体性的剥离和显现的问题,可参见：Mario Gandelsonas, *From Structure to Subject*, *The Formation of an Architectural Language.* In:K. Michael Hays, ed., *Oppositions Reader：Selected Readings from A Journal for Ideas and Criticism in Architecture*, *1973–1984* (New York：Princeton Architectural Press, c1998), 200–203.
　　而关于埃森曼建筑发展中"内在性"和"外在性"的问题,可参见最近出版的著作：Peter Eisenman, *Diagram Diaries* (New York：Universe, 1999), 11.

22　Jonathan Block Friedman, *Creation in Space：a course in the fundamentals of architecture*, *volume 1：Architectonics* (Dubuque, Iowa：Kendall/Hunt Publishing Company, 1989), 9.

23　这一教学成果形成所谓的"苏黎世模式"(Zurich Model),详见本书第七章的讨论。

24　参见 ETH 教授 H. 克莱默编的有关教学小结的内部资料：H.Kramel, *Basic Design & Design Basic* (Zurich, Switzerland：ETHZ, 1996), 3.

25　参见：吉国华."苏黎世模型"——瑞士 ETH-Z 建筑设计基础教学的思路与方法.建筑师,总第 94 期,2000(6)：77-81,77.

26　顾大庆.空间、建构和设计——建构作为一种设计的工作方法.建筑师,总第 119 期,2006(01)：16-17.

27　顾大庆.空间、建构和设计——建构作为一种设计的工作方法.建筑师,总第 119 期,2006(01)：20-21.

28　Timothy Love, *Kit-of-parts Conceptualism*, Harvard Deign Magazine (Fall 2003/Winter 2004), 40-47, 47.

29　[美]彼得·埃森曼著;陈欣欣,何捷译.彼得·埃森曼:图解日志.北京:中国建筑工业出版社,2005:27.

中篇　空间操作分析

在上篇有关空间操作模式的讨论中,已经浮现出空间操作的一些基本素材,制约因素或组织方式等内在问题。对待这些问题,不同的空间操作模式之间既有联系又有差异,它们构成了空间操作内在的基础,使之具有了独立研究的价值。

本篇即从空间操作的内在性分析出发,进行研究,并以"要素"和"机制"两个方面展开,以此解释不同的空间操作模式及其演变,其中"要素"可视为空间设计的素材;"机制"则有关空间设计的线索或影响因素。

在对空间设计素材的分析中,提出空间操作的"要素"问题:在抽象形式的层面上,区分出"形体"和"结构"两类要素,分别对应于"分立"与"连续"两种基本的双重性空间关系;在具体建筑物的层面上,对应于"形体"和"结构"两类抽象形式要素的,则是"构件"和"系统"两类具体建筑要素。继而演绎其在空间设计操作中的种种差异和转化。

在对空间设计线索和因素的分析中,提出空间操作的"机制"问题:应对于诸因素的个别作用,区分出"强–弱"两类机制,以及"确定性–灵活性"两类空间性质;应对于诸因素的共同作用,区分出"紧–松"两类机制,以及"单一性–多重性"两类空间性质。并演绎其在空间设计操作中的种种差异和转化。

本篇的这些分析,基于一种双重性的空间关系,并借助了若干已有的零散研究,由此提出一系列成对的概念。这些成对的概念和空间关系,既彼此对立,又互为前提,并且在具体的空间设计操作中,相互生成和转化。

第五章 空间操作要素分析:构件与系统

在建筑设计中,有关要素的思想由来已久。在新古典主义和理性主义的传统中,它已构成为建筑学的学科基础,亦被称为基本语言。20 世纪 90 年代,美国麻省理工学院教授米歇尔的建筑逻辑和语言研究,提出建筑语言的发展体现在要素方面,有两种基本情况:一种是引入"新要素",如柯布西耶的"新建筑五要素";另一种则用新的方法使用"旧要素",如阿尔伯蒂(Alberti)将神庙的形式(梁柱式,笔者注)与凯旋门的拱券结合在一起形成文艺复兴式的教堂立面[1]。

米歇尔的研究主要关注的是建筑形式语言。而本章从空间设计操作的角度出发,则着重在要素问题的讨论中提出一种双重性的空间关系——"分立"和"连续",并由此区分了两类要素:在抽象形式的层面上,分别表现为"形体"与"结构";在具体建筑的层面上,则分别表现为"建筑构件"与"建筑系统"。

在西方建筑空间设计的发展中,对要素的理解更多偏向于第一类要素("形体–构件"),与此相对,另一类要素("结构–系统")及其所反映的空间关系更多地被视为隐含的前提或规则。现代建筑空间设计的发展,正逐渐引出第二类要素——"结构–系统",使其由隐含转为显现,并直接成为空间操作的对象,这也是当代建筑空间设计仍在进行着的一个重要转变。

除此之外,这两类要素的讨论还可能用于解释另一些空间问题:诸如不同尺度的建筑空间与城市空间的比较;通常所谓的"内–外"空间的不同;甚至是西方建筑空间传统与以中国古代为代表的东方建筑空间传统的差异和比较等。这些问题涉及本章之外更为广泛的内容,有待于进一步的深入讨论和展开。

最后,需要指出的是:作为基本的双重性的空间关系,这两类要素在彼此区分的同时也彼此联系。无论是"显–隐"还是"动–静"之分,这两类要素的区分可进一步引发彼此的生成和转换。而这种差异和转换,不仅可用来演示诸如"新–旧"之间,"内–外"之间,乃至"中–西"之间不同的空间设计方式及其转化关系;还使有关空间操作要素的讨论获得了一种自我参照,从而具有了某种独立性,由此构成空间设计研究中持久的、并且可以不断更新和发展的基础。

一、有关要素与空间设计的传统[2]

1. "构图要素"与功能体块

在现代建筑中,将空间视为功能体块的方法,很大程度上延续了 20

世纪初巴黎美院的教师于连·加代总结的学院派设计传统所提出的"构图要素":包括房间、门厅、出口和楼梯等。在"构图要素"之前,加代提出的另一类要素则是所谓"建筑要素":包括墙壁、开口、拱券和屋顶等。

而将建筑清晰地分为各个部分并加以"组合"(也称"构图",composition),这一思想又可再追溯到 19 世纪初综合工科学院的教师迪朗针对当时巴黎美院的学院派建筑教学所作的理性归纳和重新整理。

20 世纪 90 年代末由荷兰代尔夫特建筑学院编写的《设计与分析》(Design and Analysis)一书,在谈到"要素"时指出:"每一设计都可以分解成空间和材料的要素。空间要素包含了橱柜、房间及城市中的广场;门把,墙壁,建筑材料以及树丛则属于物体或材料要素"。[3] 无疑,这两类要素包含了从室内家具到城市设计的不同层次,但仅就一般建筑设计的层次而言,不难看出其与加代的两类要素之间的联系。在这里,作为"构图要素"的房间被描述为"空间要素"(spatial element);而作为"建筑要素"的墙壁,则被描述为"物体或材料要素"(object or material element)。需要指出的是:在于连·加代的那个时代,空间问题是隐而不谈的——或者说,为一般房间或体量的概念所替代;随着现代主义的发展,各种新的设计要素、手段和机制纷纷出现之后,空间问题有了新的突破,才开始显现出来,并展现出其丰富性。

班汉姆在《第一机器时代的理论和设计》一书的第一节"学院派传统与要素组合概念"(The academic tradition and the concept of elementary composition)中,谈到加代的两类要素:将第一类要素"建筑要素"——主要是结构构件,与现代主义运动中荷兰风格派和俄国构成派的新的"要素主义"联系起来;而第二类要素"构图要素"——即功能体块,则通过加代的学生佩雷(以及加尼尔,笔者注)传给了现代主义的大师勒·柯布西耶[4]。

2. 结构框架与新建筑五要素

对柯布西耶来说,传统的功能体量的组合问题获得了新的方法——"构图四则",这使简单体量控制之中的复杂形体关系得以可能。而这些,又与柯布西耶提出的"多米诺结构"不无关系。

作为现代建筑空间的一个基本图式,"多米诺结构"的意义首先在于区分了结构和其他空间围合部分,使结构成为骨架,空间得以在水平方向自由地延伸、分隔和围护。由此,结构与围护相分离,产生出现代建筑自由平面和自由立面的设计方法。这些也反映在柯布西耶提出的"新建筑五点"中:底层立柱;自由平面;自由立面;水平长窗;屋顶花园。新建筑五点,也可视为一系列新的设计要素:新的技术和形式打破了旧有的建筑体系,瓦解了传统的建筑要素,柯布西耶则根据不同方面的需要将其重新分门别类而组成一系列新的系统——也成为某种意义上的"新要素"。在米歇尔的建筑语言研究中,即将新建筑五点视为建筑语言发展中新的要素(词汇)出现的一个代表[5]。

3. 抽象要素与结构构件

另一方面,荷兰风格派和俄国构成派,则开创了现代建筑空间中一种新的"要素主义"的方法。对这两个流派来说,重要的影响都来自于现代艺术的抽象流派——分别为荷兰的新造型主义和俄国的至上主义——它们最终发展了一种抽象的形式要素和构成组织关系。

对于风格派来说,另一个潜在的影响则是美国建筑师赖特的建筑作品,他早年的实践逐渐导向了一种相对分离的建筑构件,打破了传统的体量或"盒子"。

在欧洲,"要素主义"的新影响最终反映在以包豪斯为代表的现代建筑流派中。作为包豪斯教师的俄国人康定斯基写了《点、线、面》一书,从抽象艺术的角度,对"绘画要素"进行了精致的分析,这对包豪斯的教学,以及新的要素主义与空间构成的思想都产生了重要的影响。

在实际建筑中,在构成空间关系的同时,这些抽象的要素往往也成为建筑的结构构件。这两者(空间–结构)的结合一方面固然在某种程度上打开了传统的盒子,形成了连续的空间关系;另一方面也要受到结构的限制——虽然它已经对传统的结构概念进行了某种突破和挑战。

4. 预设要素与"装配部件"

至此,现代建筑发展出结构和空间这对关系,分别以上述 20 世纪 20 年代柯布西耶的"多米诺结构"和风格派(凡·杜斯堡)的"空间构成"为代表。空间设计中的这一对基本关系,在柯林·罗等人的形式主义研究的前提下,最终在 20 世纪 50 年代美国得克萨斯建筑学院海杜克的工作室中凝聚为"九宫格"这一现代建筑空间设计的经典练习。

作为空间设计练习,"九宫格"采取预设要素(包括框架)的方法,对建筑空间教学产生了重要的影响。诸如后来广泛采用的"装配部件"(kit of parts)的设计方法,即以一整套预先给定的要素来进行相应的设计。在"九宫格"练习中,这些预设要素,既是抽象的形式要素(点–线–面),又是具体的建筑构件(梁–柱–板),在抽象与具体之间,二维平面形式与三维空间实物之间,提供了探讨基本要素双重性关系的最佳方式。直到今天,这种的影响依旧。

5. 形式操作与结构性要素

在最初"九宫格"练习的预设中,框架所起的作用也更多地类似于一种形式结构的控制,相对于板块(要素)的动态构成,它体现了某种静态的理想网格或统一参照。

而对于后来的埃森曼来说,这种框架或网格则不再是起统一参照作用的静态条件,其本身已成为一种可进行动态操作的对象。在这种动态的操作中,结构性的关系(句法,syntax)取代独立的构件,占据了主要的地位,框架和网格本身也成为某种结构性的操作要素。

二、建筑分析与两类要素:"形体—构件"与"结构—系统"

在得克萨斯建筑学校,与九宫格练习一样,由赫斯里等人提出的"建筑分析"练习也对建筑教学产生了很大的影响。该练习同样以结构和空间这一对基本关系为基础,提出了有关建筑系统(system)的问题及其组织原则,要求通过区分承重要素和非承重要素来理解结构,并表达出结构概念和空间概念的关系。

在其后由海杜克主持的库柏联盟的教学中,上述建筑分析练习也构成了其设计教学的一个重要组成部分。在谈到这一练习时,海杜克特别提出这样一个问题:"他(学生)发现某些作品拒绝被分解,它们倾向于不能被分成各个部分,这样,一种有机的含义就显现了。"[6]

建筑分析中有关建筑系统的问题,以及这种"拒绝被分解"与"有机性"的问题,在某种程度上也是对建筑分析的方法提出的问题。而采用不同类型的分析方法,则得到不同类型的建筑要素。对此,保罗·拉索(Paul Laseau)在《图解思考》(*Graphic Thinking for Architects & Designers*)一书中曾引用杰弗里布鲁德本特的一段话来说明选择不同分析方法的重要性:"要分析,整体必须分解……如果选择了错误的分解方法,整体就会受到破坏,而正确的分解方法却可使结构物保持完整。"[7]

在20世纪90年代末,由荷兰代尔夫特建筑学院编写的《设计与分析》一书,讨论了建筑分析中有关分解展现的技巧问题,选取了两个不同的例子分别来表明不同的分解方式:一个例子是帕拉第奥的园厅别墅(Rotonda),采用构件分解图来表示,显示别墅的个别组件;另一个例子是伯纳德·屈米(Bernard Tschumi)的拉·维莱特公园设计竞赛图,以不同的层来表现(图5-1)[8]。

这两个例子彼此相对,展现了分别适用于自身的两种不同的分析方

图5-1 两种分析图:园厅别墅的构件分解(左)与拉·维莱特公园的系统层析(右)

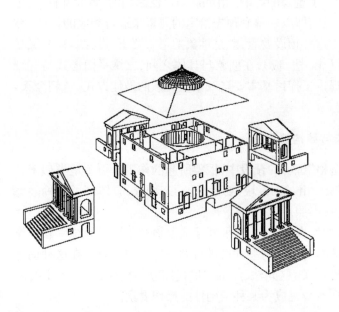

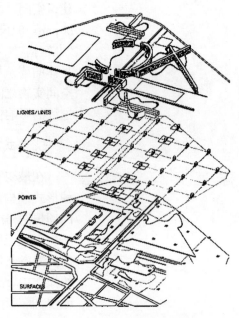

法,其中任何一种方法都不能套用在另外一个例子上:第一种(园厅别墅)是分解的;第二种(拉·维莱特公园)是层析的,由此也分别得到了两类不同的要素。

在随后的介绍中,该书又引用了两段不同的文字来说明这两个设计。其一是丹麦设计师斯丁·拉斯穆森 (Steen Rasmussen) 在形容帕拉第奥的园厅别墅时所说:"它的外形接近方块状,四周均有巨大的带廊柱的门廊。从宽广的楼梯走上去,到了门廊时,你会发现那里的空间构图 (composition) 和'雅典学校'(School of Athens)[9] 那幅画中的设计有异曲同工之妙。从宽敞、开放的门廊往前走,你会走到一个有桶形拱顶的大厅,最后走到位于中央的圆穹顶内室。从内室再往前走,整个活动的轴线又会经过另一个有桶形拱顶的大厅,最后通往另一边的门廊。"[10]

其二是瑞士设计师伯纳德·屈米参加拉·维莱特公园设计竞赛 (Le Parc de la Villette) 的介绍:"该设计以规则布置的园中小筑 (folly:原意为城堡、庙宇之类的建筑形式,用来满足奇想或夸耀,通常喜欢标新立异,此处指公园中一系列起特殊控制性作用的红色立方体构筑物,笔者注)为特色,一切建立在同一个原则上,但各自有其自身的活动程序。就整体的组合看来,它是一个'自由的设计'(plan libre),当中有三个独立自主的组织系统。它是一个 120 米见方的细点格网 (points grid),每一个点上都有一栋园中小筑,格网同时也联系了周边的城市结构 (urban fabric)。此外还有一套直线的系统,垂直交叉的轴线构成了主要的通道,沿着主题花园则是构想奇特的"漫步建筑"(promenade architecturale)。第三个要素是一组平面系统,包含了许多宽广的空地,供户外活动使用,空地之间有整洁的行道树作区隔。"[11]

这两段叙述都谈到一系列的要素。所不同的是,在第一段介绍中,依次谈到的是:"方块状外形–门廊–廊柱–楼梯–有桶形拱顶的大厅–圆穹顶内室–另一个有桶形拱顶的大厅–另一边的门廊"。这些要素的描述或为抽象的几何对象,或为具体的建筑构件。它们是独立的,相互分离的。对照上文所说的分解的方法,本书称这一类方法为"要素的分解",得到的要素为"形体–构件"(object–component)类要素。

在第二段介绍中,除了开始的"园中小筑"外,主要谈到的是"三个独立自主的组织系统",分别是:"细点格网–园中小筑–周边的城市结构";"直线的系统–轴线–通道–主题花园–漫步建筑";"平面系统–空地–行道树"。如果撇开个别的要素诸如主题花园与园中小筑等,这类描述的主要对象为三个系统以及与此相应的一些形式结构,如轴线、细点格网等。它们是整体性的,相互关联的。对照上文所说的分解的方法,本书称这一类方法为"要素的层析",得到的要素为"结构–系统"(structure–system)类要素。

由此,本书区分出两类要素——即"形体–构件"类要素与"结构–系统"类要素:其中"形体"与"结构"相对立,用来表述抽象形式层面上独立的形体对象与整体的结构组织之间的区分;"构件"与"系统"相对立,用来表述具体建筑层面上分离的建筑构件与关联的建筑系统之间的区分。

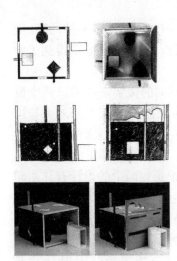

图 5-2　海杜克：要素住宅

这样两类要素的区分，在电脑辅助设计中，也得到了清楚的表现。程序在选择对象时，往往也反映出两类不同的空间关系。以 CAD 程序为例，在屏幕上进行对象的选取时，有两种方法：一种方法可称为"框取"，即在屏幕上拉出一个选框，被选取对象的所有部分必须全在"框"内，才能被选取出来；另一种方法可称为"点取"，即同样在屏幕上拉出一个选框（也可用鼠标单独点击），只要在框内被触及的对象均被选取出来。这里，前一种方法所选取的都是独立分离的个别对象，后一种方法则利用了"连续"的关系来选取关联的整体。同样，电脑程序在编辑和管理对象方面，往往也区分了两类不同的要素。仍以 CAD 为例，有两种常用的对象管理方式：一种是分"块"（block）的方式，用于"形体–构件"类的要素合并，对应的是某种分离的个体单位；另一种是分"层"（layer）的方式，用于"结构–系统"类的要素关联，对应的是某种关联的整体层面。

在海杜克论及其后期的一些作品时，也谈到孤立的要素与整体结构这两种不同方式，并阐明他自己的方法是将事物破碎成各个完全孤立的要素，并以此获得一种模糊性。在海杜克看来，这种方法表达了他的所谓"美国式的现象学"，而将其与欧洲强调要素间的连接以及系统间的交织的做法相互对照[12]。显然，在这里，海杜克所说的"要素"是专指那些独立的分离的体块或构件，而将其与整体结构或构成相对比。这种方法的典型例子可见于海杜克最初提出的 "要素住宅"（element house）（图 5-2），以及其后的"模糊性–分离住宅"（ambiguity–separated house），"拒绝参与者住宅"（house for inhabitant who refused to participate）等。

以这样两种分类，对前述有关要素与空间设计的若干传统作一个回顾，则可以发现：于连·加代所提的两类要素（"建筑要素"与"构图要素"）均属"形体–构件"类。以风格派为代表的新的"要素主义"则一方面以构件为要素，另一方面也暗含着某种结构关系。柯布西耶的"新建筑五要素"与其说是五种构件，莫如说是五类系统来得更为确切，它们反映了新的专业分工条件下建筑组件的重新排列，这也是理解柯布西耶的新要素的关键。而在九宫格的发展中，框架无疑是一种形式结构，但它最初仅作为静态的参照条件，而非设计操作的直接对象；与此相对，板块则是某种物体构件，作为操作对象，进行动态的构成——而后埃森曼的发展则使框架和网格本身也成为操作的对象，凸显为某种结构性的要素。

三、两类要素与两类空间：分立与连续

前面从一般建筑分析的不同方式和角度出发，提出"形体–构件"与"结构–系统"两类不同的空间设计要素。尽管是一种简单的二分法，但这两类要素区分的背后，隐含了两种相对的空间观念，反映出一般认识和理解事物的思维方式的差异。

这在一定程度上反映了某种由来已久的争论。事实上，从更普遍的范围来看，有关构成世界的基本要素的探索，一直是哲学思考和科学研究的命题。在西方的学术传统中，原子论的思想占据了主导的地位。所谓

"原子"（atomon）的概念源自于古希腊，以哲学家德谟克里特（Dēmocritos）为代表，将对世界的理解建立在一个个分离的独立的基本单元（即原子）上。而对于现代科学来说，这种思想更直接的来源则是笛卡儿（Descartes）和牛顿（Newton）的学说。

与此相对，在古希腊，亦有另一类思想，以哲学家赫拉克利特（Heraclitos）的无定说为代表，视火为世界的本原，强调其生成转化的一面，而非某种固定不变的基本微粒——正如这句名言所表达的："人永远不能两次踏入同一条河流"。

在现代科学领域，类似的争论也同样存在。诸如牛顿和莱布尼茨（Leibnitz）之间的争议，以及光学研究中的粒子论与波动论之争论等等——而后者又发展出一种"波粒二象性"之说，这对下文将要讨论要素的双重性又不无启示作用。

在一般理解中，自笛卡儿和牛顿以来的西方思想中：将事物分为互不关联的部分再加以组合的方式占据了主导的地位。在建筑设计中，自迪朗以来所形成的要素的传统，基本反映了这一思想。如舒尔兹所述："迪朗有关构图的学院派理论，即由基本的要素相加得到不同性质的整体。这里我们看到的是一种形式主义的原子论版本，它反映了科学家试图将所有事物理解为由基本粒子组成的愿望。"[13] 在 20 个世纪 90 年代，美国麻省理工学院教授威廉.J. 米歇尔（William J. Mitchell）所著的《建筑的逻辑：设计，计算和认知》（The Logic of Architecture: design, computation, and cognition）一书，以 CAAD（电脑辅助建筑设计）的语言，对建筑基本要素和组合的问题进行了新的研究。该书也采取了这种态度，一开始就提出"建筑就是从连续的空间中进行某种区分的艺术，诸如内与外，亮与暗，冷与热。……通过分离和区分的方式从一片混沌中获取形式。"[14]

对于这种思维方式，一直以来——尤其是在当代科学的发展中，已有不少学者进行了反思，认为其在理解事物整体的有机联系方面存在先天的缺陷。就这一点，也有西方学者的研究指出，在中国人的观念中，更强调事物的关联而非独立的个体[15]。

在西方，这一类研究以结构主义为代表，拓扑学的发展则为其提供了更普遍的工具。较早一些的格式塔（Gestalt）心理学研究，即从图底关系分析中发现了图形背后的整体结构。这些都对建筑设计产生了直接的影响。

在郝尔曼·哈肯（Hermann Haken）的《协同学：大自然构成的奥秘》（Erfolgsgeheimnisse der Natur. Synergetik: die Lehre vom Zusammenwirken, The Science of Structure: Synergetics）一书中，举了玩具汽车的例子来说明这个问题："小孩很想知道汽车为什么会跑，就把它拆解成各个零件。一般说来，这是他不难做到的。但我们往往看到他坐在一摊部件面前哭鼻子，因为他还是搞不清汽车怎么会跑的，他也没法将那些零件重新拼成一个有点意义的整体。"[16]

在保罗·拉索所著的《图解思考》一书中，同样以汽车为例说明"对体

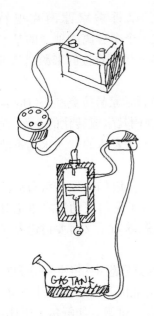

图 5-3　保罗·拉索：汽车体系
　　　　的抽象分析

系的讨论和分析有助于理解抽象速写的功能"（图 5-3）。"为了解决汽车发动不了的问题，就必须理解汽车是一个组合而成的体系。要是分配器没有问题，那么对分配器的任何检验都无济于事"。

以上两类思维方式，对应于前文提出的"形体–构件"与"结构–系统"两类要素，反映了两种不同的空间观念。从拓扑关系分析的角度看，这两种不同的空间观念，又可归纳为两类不同的基本空间关系：分立（discrete）与连续（continuous）。

需要指出的是：分立与连续，作为两类基本的空间关系，其相互之间不仅是简单的对立和差异，还有一种内在的依存和转化关系，显现出一种双重性。哲学家盖奥尔格·齐美尔（Georg Simmel）在一篇文章中选取了两个与建筑有关的要素——"桥"与"门"，以此显示两种基本关系："连接"（connection）与"分离"（separation）。这也暗合了上文提出的两类基本空间关系。齐美尔在谈论这类关系时是将人类活动与自然相对照的，由此讨论人类认识和人造物的问题。在齐美尔的讨论中，这两方面的基本关系，除了辨别出差异性之外，更注重的是两方面相互之间的关系，并在讨论的开始就指出这两方面相互依存、互为假定的前提："在任何时候，我们只能分离那些已连接在一起的东西，而连接那些已经分离的东西"。"我们只有先将事物视为连接的整体，才能将它们分离开"[17]。而就"桥"与"门"这两种人工物而言："在显示分离与连接的相互关系时，桥更着重于后者……而门则更清楚地表明分离与连接只是同一件事情的两个面"[18]。这种讨论进一步引向两类关系中所暗含的某种双重性本质。

四、基本要素与空间的双重性理解：以"点–线–面"为例

1. 基本要素"点–线–面"的双重性理解

20 世纪 20 年代，时任包豪斯基础课程教师的俄国人康定斯基写了《点、线、面》一书，从抽象艺术的角度，对"绘画要素"进行了精致的分析，这对包豪斯的教学，以及新的要素主义与空间构成的思想都产生了重要的影响。

在一般的理解中，点–线–面被作为某种基本要素，构成画面，如同上述基本粒子构成世界（原子论）一样。但康定斯基对点–线–面的认识并不止于此，他同时更为关注的是其所产生的张力作用，或者说是"结构"："一种元素（即要素，笔者注）概念可以按两种不同的方式来理解——外在的概念和内在的概念。就外在的概念而言，每一根独立的线或绘画的形都是元素。就内在概念而言，则不是这种形本身，而是活跃在其中的内在张力才是元素。而实际上，并不是外在的形聚集成一件绘画作品的内涵，而是力度＝活跃在这些形中的张力"（图 5-4）[19]。

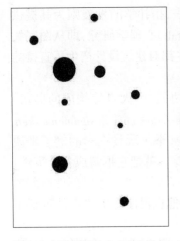

图 5-4　康定斯基：九个离心的点

在这里，康定斯基使用了"内在"与"外在"这一对词汇，这可能与他所提倡的带有某种神秘主义色彩的内在精神有关，撇开这方面的因素不论，就整段话的意思来看，对要素的两种理解分别与前文所作的两类要

素的区分相关:外在的形直接对应的是独立的形体,而内在的力则更多引向了整体的结构。

对此,与一般原子论式的理解不同,康定斯基同时指出了两种概念,并显然认为,要深入抽象艺术的精神,第二种概念更为重要:"从我个人的角度来看,要素与虚假的'要素'是不同的。虚假的'要素'指脱离了紧张形态的要素。与此相反,本来的要素指的是在这一形态中起积极作用的紧张。"[20]

康定斯基的理论和教学,对新的要素主义与空间构成的思想产生了重要的影响。有关基本要素点–线–面的思想,不仅影响到当时的包豪斯和风格派,也反映在后来的九宫格练习中。在其后现代建筑的发展中,点–线–面(及至体)作为基本要素的理解更多脱离了的康定斯基的二维绘画平面的限定,而被视为三维空间的基本构成要素,成为点–线–面–体的构成。在这些发展和解释中,康定斯基一开始所强调的要素的双重性又有了不同的表现,在最初风格派对空间构成的解释以及上述海杜克等人对九宫格的解释中,还依旧能看到这种双重性的理解;而在其他一些场合,它们也往往蜕变为某种单一的角度的理解。

在后一种情况中,对照上述两类要素的分析,对基本要素点–线–面又有以下两类不同的理解:一种理解是将"点–线–面"作为相对独立的"形体–构件";另一种理解是将"点–线–面"作为表达整体关系的"结构–系统"。

2. "点–线–面"作为相对独立的"形体–构件"

从抽象形式的角度看,这种理解倾向于将基本要素视为分解的形体:其中点是最小单元,线可以看成由多个点连接而成,而面则是由多条线排列而成,以此类推,多个面的重叠则成为体。这一点在美国建筑师程大锦(Francis D.K. Ching)所著的《建筑:形式、空间和秩序》(*Architecture: Form, Space & Order*)一书中得到了清楚的展示(图5–5)。作者在该书中绘制了一系列插图,以帮助学生理解现代建筑的形式空间。其中不难看出笛卡儿的三维坐标系以及解析几何的影响。而在米歇尔的《建筑的逻辑:设计,计算和认知》一书中,借助于电脑的语言,也同样以独立的"点–线–面–体"等不同方式作为基本单位,来描述建筑(图5–6)。

从具体建筑的角度看,这种理解则将"点–线–面"与基本的建筑构件结合起来,无论何种构件,最终都成为某种杆件、板面,或块体。这也与前述有关"装配部件"的思想一致。

3. "点–线–面"作为表达整体关系的"结构–系统"

从抽象形式的角度看,如果说上一种理解倾向于单个形体对象的分析,那么这种理解则更多倾向于整体结构关系的分析。这一类研究较早地见于格式塔心理学,拓扑关系的分析则为其提供了更普遍的工具。建筑理论家诺伯格–舒尔兹应用知觉心理学的成果,在结构主义和存在主

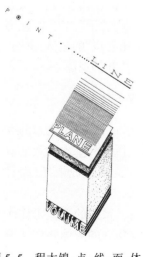

图5–5 程大锦:点–线–面–体

Pixel shape

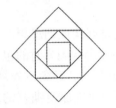

Line shape

Surface shape

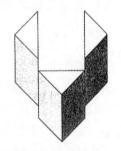

Solid shape

图 5-6 米歇尔:"点-线-面-体" 等不同方式作为基本单位来描述建筑

义的科学和哲学基础之上,提出了存在空间的三个基本要素,并将其与三种基本的拓扑关系相对应,它们是:中心(center)亦即场所(place,近接关系),方向(direction)亦即路线(path,连续关系),区域(area)亦即领域(domain,闭合关系)。从人的认知意向来研究城市空间,这一方法最早见于凯文·林奇(Kevin Lynch)。在《城市意象》一书中,他归纳了城市形象的五个要素:道路(paths),边沿(edges),区域(districts),节点(node),标志(landmarks)。林奇的研究领域主要是城市空间,这对舒尔兹的研究无疑产生了直接的影响;而后者的"存在-空间-建筑"的研究核心则由城市转向了建筑,并同时囊括了"景观-城市-住房-用具"等更广泛的层次。

从具体建筑的角度看,这种理解往往将"点-线-面"与具体的建筑系统结合起来。上述屈米的拉·维莱特公园设计,也是由"点-线-面"三个独立自主的系统构成,分别对应不同的行为活动。所不同的是,这些系统不再遵循舒尔兹所追求的"稳定的空间图式",而是表现出某种离散的不确定的姿态。以"点"为例:在这里,一反过去集中式的建筑布置方案,这里的"点"不再是统一的中心,而是点阵或网格,散布着一系列的红色小筑,展开一种所谓"结构性"的布置方案[21]。

需要指出的是,在有关城市(以及景观)空间的设计的传统中,由于不同尺度和体验方式的转换,与单立的、局部的、分离的要素相比,整体的结构性要素更易于得到理解,也更多地成为城市设计和分析的直接对象[22]。早期的希腊殖民城市米利都的设计就直接采用了整体方格网的结构形式。文艺复兴之后,在巴洛克初期发展起的一种"张力"关系成为城市空间的设计力。与此相应,在法国古典主义时期,由凡尔赛宫花园设计所产生的轴线延伸的关系进一步影响了巴黎城市的主轴线设计思路,并由此形成巴黎城市林荫道系统的雏形,而该系统最终在由奥斯曼实行的著名的巴黎城市改造中达到顶峰(图 5-7)。

在国内,东南大学建筑研究所齐康教授主编的《城市建筑》一书,以一种城市整体设计的观念,参照了形态学和地理学的新观念,展开对城市中分散的独立性要素的整体研究,并以人的肌体构成比喻城市构造,从五个方面提出了的城市建筑的研究方法:"轴","核","群","架","皮"[23]。该书中第一部分有关"超越"的思考中,也提出"以'力'为出发点"的尝试,进而"寻找出力量的外化形式",并提出"'力'是同构"等一些新的思路[24]。

4. "点-线-面"作为操作要素:双重性的生成与转换

上述基本要素"点-线-面"的双重性理解和不同表现,在动态的空间操作过程中,可以得到充分的展现。在这种操作过程中,基本要素的双重性关系,不仅如上文齐美尔所提到的那样——互为前提或依托,而且借助于这种双重性,要素相互之间可以转换和生成。

埃森曼的研究即提供了一个很好的例子:在一系列的形式操作研究中,对基本要素"点-线-面"的关注从最初静态的独立的形体转向了形式之间的动态生成和句法关系(syntax)。

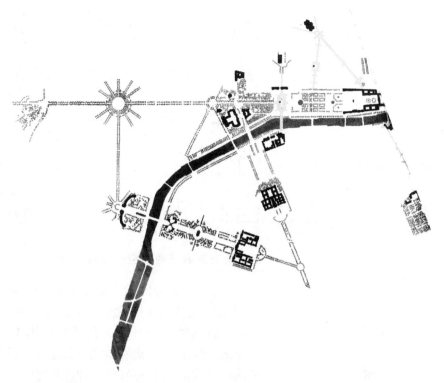

图 5-7 巴黎城市林荫道系统

在 20 世纪 80 年代，美国学者道格拉斯·格拉芙（Douglas Graf）在一篇有关"图解"（diagram）的文章中，即以"点-线-面-体"作为构件组合的四种基本类型，并提出"中心"（center）和"周界"（perimeter）作为图形构成的两种基本类型，以此对建筑空间形式的各种关系进行图解化分析，并演示了一系列动态操作和发展的过程（图 5-8）。在这种图解化的分析中，同样的空间形式可有双重性的解读方式。而在接下来的动态演化过程中，借助于这种双重性的解读，不同的要素关系可相互推动和转化。例如对应"中心"和"周界"两种类型，进一步引入"交叉"（intersection）和"模块"（module）两种形式，成为两两成对的四组形式。在具体操作过程中，经由"分割-加合"（division-multiplication），"伸展-瓦解"（extention-collapse）等一系列的操作，这四组形式中的每一个，都能生成和转换成其他三个：模块产生轴线，从而导致交叉；交叉则生成中心，中心引起近接性关系，从而生成边界，而边界又回过来产生模块（图 5-9）[25]。由此阐明基本要素之间相互依托、生成和转化的关系。接下来，作者更以图解的方式演示和分析了一系列建筑设计的实例（图 5-10）。

图 5-8 格拉芙："点-线-面-体"作为构件组合的四种基本类型；"中心"、"周界"作为图形构成的两种基本类型

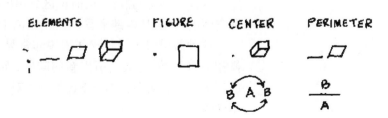

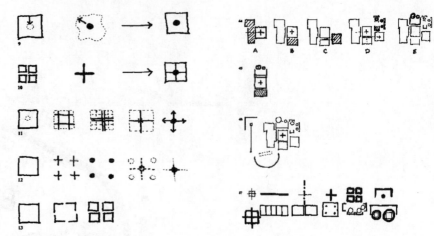

图 5-9 格拉芙:基本类型的相互生成和转化(左)

图 5-10 格拉芙:对路易斯·康建筑的图解分析(右)

五、两类要素与两类空间设计操作

对于具体的空间设计而言,不同的要素可视为假定的操作前提或素材。它们一方面与不同的空间概念相对应,并导致不同的操作结果;另一方面,从不同的要素出发又会引发不同的空间操作,并有可能相互生成和转化。由此,可以进一步演绎上述两类要素在具体的空间操作中的表现,展开其相互对照或转化的种种可能。

1. 从"形体-构件"出发的空间设计

这类设计的预设的前提或操作素材首先是独立的几何形体或建筑构件,反映了上文所述的"分立"的空间概念。在具体的操作中,从这一预设前提出发,又会引发进一步的关系,继而有可能在不同的空间概念间相互转换,尽管其前提始终是从独立的对象出发。

（1）空间作为体量

这是最为基本可能也是最为常见的对建筑空间的理解,诸如一般"房间"的概念以及"容器"的比喻。于连·加代在巴黎美院教学中提倡的构图要素即可看成这类假设。虽然在当时的环境下,空间的概念是隐而不谈的。而现代建筑中空间概念的自觉最早是在德语国家发生的,在德语中,空间一词(raum)就兼具房间的含义。早期现代建筑理论家——德国人森佩尔较早地提到了建筑中的这种围合概念,这一认识为其后的建筑师所广泛接受。路斯后来采用的被称为"容积设计"(raumplan)的方法即是这类概念的一个延续。而柯布西耶所采用的空间体量的方法,其影响则来自于加代的构图要素。

这样一种空间假设,同时也区分出内与外。从外部来看,它强调出一种空间的占据;从内部来看,则强调出空间的围合。

这种假设对于设计操作来说非常易于入手,但需要指出的是,这种操作一旦开始,它又会引出新的问题,而不再仅仅限于体量/容积自身的理解——事实上,拘泥于这种理解对于真正的空间设计往往也是十分不够的。

（2）空间作为体量间的相互关系

从体量出发的空间操作引起的一个主要问题就是体量之间的关系，这反过来往往成为做好这类空间设计的关键。

在西方空间的发展中，这一类关系突出地表现在外部的城市空间中，以意大利为例，犹如卡米洛·西特（Camillo Sitte）最早指出的那样，城市街道和广场均是由建筑体块围合出的没有屋顶的走廊和房间（图5-11）。当然，在西特的书中，特别重要的还有人在这类空间中的切身感受，而不仅仅是抽象的形体关系。

对于西特而言，体块之间所形成的这些"没有屋顶的走廊和房间"大多数时候涉及的主要是空间的围合关系，而这一点，实际上与上述内部空间的围合是一致的。不过，在讨论体量之间的关系时，不应该忽视还有另一类空间关系，已不再等同于空间的围合，而是纯粹通过体量之间的相互作用得到表现。同样以广场为例，比萨的广场由长轴向的巴西利卡、圆形的洗礼堂和高耸的斜塔这三个完全不同的体块构成，各自独立地处于空间，彼此之间形成一种张力关系（图5-12）。这使它完全不同于一般广场空间的围合感，更不能看做为"没有屋顶的房间"。

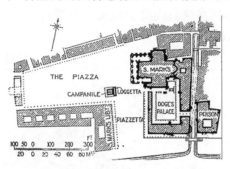

图5-11　威尼斯圣马可广场
　　　　（左）
图5-12　比萨广场（右）

柯林·罗在《拼贴城市》（*Collage City*）一书中，以希腊的卫城（acropolis）和广场（forum）作为城市空间的两个不同的原型[26]。在这里，上述比萨的例子继承的应是希腊卫城的传统，而一般市民广场——所谓"没有屋顶的房间"——的围合感也可上溯到希腊的广场（图5-13）。

吉迪翁在对西方建筑空间的总结中，将体量之间的相互作用作为人类最早认识的第一类空间概念，将其历史追溯到埃及的金字塔；其后则转为体量内部的空间，这是在罗马以后的第二类空间概念。这里的第一类空间概念——体量之间的相互作用显然指的不是体量间的围合关系（这实际上仍然回到了视空间为体量的做法）；而是指空间的占据及其所散发的张力关系。

（3）内外之间：空间中的空间

在吉迪翁看来，现代建筑的发展则正在产生第三类空间概念：它打破了单一的视角，使上述两种空间概念同时存在，表现为迄今为止（1967年，笔者注）还不太清楚的那些内外之间及不同层级之间的相互作用[27]。吉迪翁的这一总结，也常常被简单化为内外空间之间的相互作用。尽管从吉迪翁的本意来看，并没有对此达成一个十分确定的认识，而且其所

图5-13　韦斯巴登（Wiesbaden），
　　　　1900，图底平面

关注的一系列相互作用关系可能也不止于此。

对于这一问题,作为一名建筑师,沙里宁的解释则要简明得多:"建筑是寓于空间中的空间艺术"[28]。这一论断后来为罗伯特·文丘里(Robert Venturi)所引用,并进一步扩展:"我认为这一系列想法,可以从房间是空间中的空间开始。我要应用沙里宁的关系定义不限于建筑与用地的关系上,还要用于室内空间的关系上。我所指的是教堂圣殿中祭坛上的华盖。……建筑能包涵事中事,也能包涵空间中的空间。"[29]

而在赫斯里主持的瑞士苏黎世联邦高等工科大学(ETH)的基础教学中,有一个练习题即为"空间中的空间"(Space within Space),它与另外两个练习"空间的延伸"(Spatial Extension),以及"处于文脉空间中的空间"(Space within Space in Context)一起,成为赫斯里训练学生发现现代建筑的核心——空间问题的重要手段。

值得一提的是,与上述西方学者相对照,国内学者彭一刚先生在20世纪80年代后期所著的《中国古典园林分析》一书中,用形态分析的方法,对中国传统空间进行了一定的分析,并就"内-外"空间的关系,对中西方的空间处理形式作了三种分类:外部空间(庭院)包围内部空间(建筑);内外空间交流穿插;内部空间(建筑)包围外部空间(庭院)(图 5-14)[30]。

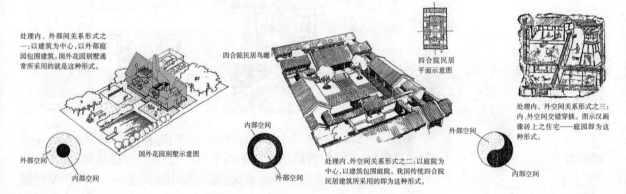

处理内、外部间关系形式之一:以建筑为中心,以外部庭园包围建筑。国外花园别墅通常所采用的就是这种形式。

国外花园别墅示意图

外部空间
内部空间

四合院民居鸟瞰

内部空间

外部空间

处理内、外部间关系形式之二:以庭院为中心,以建筑包围庭院。我国传统四合院民居建筑所采用的即是这种形式。

四合院民居平面示意图

处理内、外部间关系形式之三:内、外空间交错穿插。图示汉画像砖上之住宅——庭园即为这种形式。

外部空间
内部空间

图 5-14 彭一刚:中西方的空间处理形式的三种分类

(4)体量的分解:空间作为构件之间的相互关系

谈到内外空间的关系,从体量出发的空间设计的另一种方向是将体量打破,分解为各个构件——当这些构件独立于空间中并与其他构件发生关系时,原来处于不同体量内部的空间相互流动起来,上述那种内部空间和外部空间的区分也随之被打破了,出现了连续空间的概念。对于赖特来说,这就是将盒子建筑打碎后得到的新的空间关系,这也正是欧洲的风格派和包豪斯所提倡的要素主义和空间构成(图 5-15)。这种方式,在其后密斯的一些作品中更是得到了充分的展现。

这些独立的构件也被看做为空间限定要素,在现代建筑的许多场合,讨论空间往往就是讨论这些空间限定要素的相互关系。在一般现代建筑空间的设计原理——诸如上文提到的程大锦的《建筑:形式、空间和秩序》一书中,都可以清楚地看到对这一方式的整理和总结:包括各类限

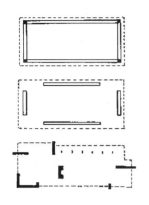

图 5-15　打碎盒子,要素构成

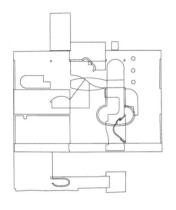

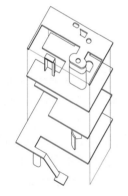

图 5-16　赫斯里对加尔歇别墅
的透明性分析

定要素及其构成方法。

前述吉迪翁对西方建筑空间的回顾中将体量之间的相互作用视为人类最早认识的第一类空间关系;而后是体量内部的空间。吉迪翁接下来指出:在现代建筑的发展中,又重新发现了第一类空间关系,再次认识到"形状、表皮和板面不仅仅塑造内部空间,它们远远超出了自身维度的限制,而是作为构成体量的要素自由地处于空间之中。"[31] 这里,吉迪翁所言重新发现的关系,对于现代建筑而言并不只是回到过去的体量间的作用,而更多的正是构成体量的这些构件之间的相互作用。

(5) 体量的层析与透明:多重体量与空间关系

打开封闭体量的另一个方法不是分解,而是分层脱开。这种方法的产生,最先得益于现代技术条件下所产生的结构框架和空间围护脱离的方法。柯布西耶的多米诺体系及随后提出的新建筑五要素即是最早的代表。在这里,体量的概念仍被保持,但空间不仅表达出体量的限定,也表达出一种开放,并进而呈现出某种多重的关系。

表达这种关系的一个关键是所谓"透明"(transparency)。在这里,"透明"不仅指材料的透明,如现代的玻璃材料的应用——这当然也是打开封闭体量的一个最直接的方法,如上述包豪斯校舍和密斯的一些作品;更重要的一种由对空间形式的感知和理解所带来的透明效果——不是借助于材料,而是借助于知觉感受到的多重层叠的空间关系,多种模糊的空间关系同时存在,可对同一形式产生多种解释,从而产生一种类似于透明的效果。这种透明的关系与现代艺术——尤其是立体主义绘画有着很深的关联。正是在这里,柯林·罗和斯拉茨基区分了"字面的透明"(literal transparency)与"现象的透明"(phenomenal transparency)(图 5-16)。

无论是柯布西耶的新建筑五要素,还是罗和斯拉茨基的第二种透明性,这里其实都已涉及对空间和要素关系的另一种理解,这种理解都已不再以分离的形体或构件为基础,而更多关注于某种关联的系统或空间结构关系。至此,由体量要素出发的空间设计操作已引出了下文中将要讨论的另一类空间设计操作要素——结构与系统。

2. 由"结构-系统"引发的空间设计

在西方建筑空间的传统中,从"形体-构件"出发的空间设计一直以来占据了主导的地位,与此相应的是前述西方思想自笛卡儿-牛顿以来原子论式的思维方式。虽然在这些设计中,都可能不同程度地隐含或导向某种结构性的概念——譬如轴线和网格等,表达出某种整体的控制或相互间的关联;但是,从空间操作的角度看,这些设计操作的直接对象首先是独立的"形体-构件",即首先从明确的分离的个体对象开始。与此相对比的,则是另一类空间操作:结构或系统不再作为某种隐含的内在关系,而是借助某种方式,直接成为操作对象。这一类空间操作的显现,在建筑空间设计的发展中,很大程度上要归功于另一个重要方面的促动——即现代技术发展和专业分工所引起的越来越多功能性的分类因素介入。

在现代科学和技术的发展中，功能的问题更多地被视为各部分之间的连接关系——使之形成一个连续的系统，而非个别分离的部件[32]。现代技术和社会发展所带来的越来越强的专业化分工，导致了建筑中出现越来越多这样相对独立的功能系统，并成为空间设计的新的出发点(图 5-17)。在这种空间设计中，这些系统往往引发的是有关整体性的考虑，并在空间形式上显示出更多整体结构组织的意义。因此，本节讨论的角度和线索也与上一节有所不同：不是首先从空间形式出发(这一出发点，如上文所述，往往首先显现的是形体，而结构性关系则被隐含)；而是更多地从实际功能和技术发展所产生的线索出发——由此引发的空间操作，从一开始就已经与前述空间操作完全不同，其过程和结果也呈现出很大的差异。

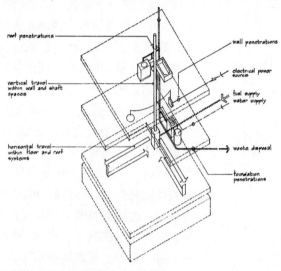

图 5-17　设备与系统

（1）由结构框架出发的空间操作

有关"结构"(structure)一词，根据阿德里安·福蒂(Adrian Forty)在《现代建筑词汇》(*Words and Building: A Vocabulary of Modern Architecture*)一书中的考察，在建筑学的发展中，先后出现有三种含义：第一种含义，也是在英语中的最早含义，结构一词等同于建筑物；第二种含义产生于 19 世纪中期，这时候，由法国建筑理论家维奥莱-勒-迪克(Viollet-le-Duc)提出了结构作为建筑物的支撑体系的概念；第三种含义则是一种抽象的概念，是理解建筑物、建筑群、城市或地区整体的一种图式(schema)，这种抽象的概念在 20 世纪现代建筑的发展中被广泛采用[33]。

由此可以看出，结构一词同样具有的一种双重性含义：它既指具体的建筑物，又指一种抽象的概念；既被用来描述一种承重体系，又被视为一种形式组织。在本篇的讨论中，除非特别说明，结构一词的使用主要是后一种含义。但另一方面，有关前一种含义及相关双重性的理解，都对本书的讨论不无启发性。事实上，对前者(受力体系)的探讨往往会引向或验证后者(形式组织)的问题。在这个意义上，正如前文所指出的那样，历史上对结构理性主义的探讨往往也被用来支持形式理性主义的观点。

对于现代空间设计操作来说，讨论结构问题的一个重要的出发点就是在勒-迪克和肖瓦西以后越来越被清晰地意识到的骨架结构系统,它在新的技术条件下,发展成现代建筑所大量采用的框架结构。这种具体的结构物中所隐含的新的空间设计的可能,通过以柯布西耶的"多米诺"结构为代表某种抽象的图式,才被真正激发出来。这种框架结构既保留了一定的空间体块的暗示,又打开了传统的沉闷的封闭体块,并且预示着更多的可能性,诸如柯布西耶的"新建筑五要素"以及与此相关的一系列革命性的建筑思想。

需要指出的是,在西方传统之外,中国和日本的传统木框架结构建筑,一直以来已形成了自身不同的操作方式。在这种空间操作中,框架和墙体(或隔断)一直就被区分对待,因而并没有非常明确的视空间为体量的操作概念,这对西方现代建筑空间的研究一再发挥着重要的启发作用。其中可能蕴涵的"结构-系统"化的操作方法,对本书的写作也一直是一种潜在的参照[34]。

（2）由流线系统引起的空间操作

有关"流线"(circulation)的概念,最早源自于医学中的血液循环(图 5-18),后来也被用于城市中的车行交通。建筑中引入这一词汇据考察是在 19 世纪中叶以后[35]。差不多同一时期,加尼尔(C. Garnier)设计了巴黎歌剧院门厅的大楼梯,既表达了某种独立的艺术主题,又与更抽象和整体的"流线"概念联系在了一起[36]。在 20 世纪初,由加代所做的构图要素分类中,包括了房间、门厅、出口和楼梯等。这里,一方面,各个动态的交通空间似乎首先是作为个别分离的功能体块来看待的。另一方面,加代对这些构图要素的分析中,又特别区分了静态的使用功能和动态的交通功能,并要求在图纸中将这种区分表现出来,由此,所有动态的交通功能又被相对独立地标示出来,形成某种整体的连续关系。

这种动与静的区分在后来现代建筑和城市规划的发展中得到了进一步的强化。

在柯布西耶的建筑设计中,借助强调走动的体验,发展出所谓的"漫游建筑"(promenade architecture)(图 5-19)。"于此,他走动所带来的经验释放(emancipate)为组织房子时所需的一种独立要素。勒·柯布西耶把动线(route)当作自主性的要素(autonomous element)来处理,避开了英国花园在结构组合上的问题(指沿一条主要路径展开的'叙事式'组合,每一个场景引出下一个,每个构件看似自由,都对整体序列产生影响,实际设计起来颇费心力,笔者注),个别构件所作的修正不至于影响整体的构图组合"[37]。《设计与分析》一书中的这段分析,精辟地指出了动线从一种"经验""释放"为一种更普遍和抽象的构图组合中的"自主性的要素",而与其他问题分离开来。由此,动线不仅作为空间设计直接的操作对象(而非隐含的关系),而且具有了某种独立性,"避开"了在构图组合上与其他关系的纠缠和"影响"(或者说,这种"影响",在这类空间设计中,已有了另外一些方式或机制来解决,这也正是本篇下一章要讨论的问题)。

在现代城市规划和设计中,有关交通流线的问题无疑成为关注的焦

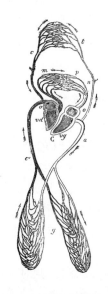

图 5-18　血液循环系统 (1869)

图 5-19　柯布西耶:萨伏依别墅的动线

图 5-20　保罗·加利的绘画
　　　　作品

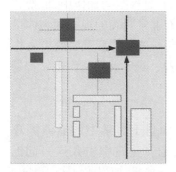

图 5-21　培根：同时运动诸系统

图 5-22　巴里：伦敦俱乐部改造

点——尤其是小汽车发展所带来的现代城市的交通问题。对此，美国的城市设计学家埃德蒙.N.培根（Edmund N. Bacon）从人的空间感知出发，总结了历史上的城市设计方法，进而根据现代社会和技术发展情况，在 20 世纪 70 年代提出"同时运动诸系统"。在这里，培根利用了立体主义绘画以来发展的"同时性"的空间概念（以保罗·加利的抽象绘画为例）（图 5-20），解决现代城市中新技术发展所带来的矛盾（以车行与人行的感知分裂为例），提出了空间设计的一种全新的思路（图 5-21）。"这个区域已充斥着形形色色、五花八门的交通方式，每种方式都有它的运动速率和感知系统。至今，每种方式都已分别加以考虑，就如同在每一个建筑新时期开始时一样，建筑总是与其四周空地分开来加以构想的。然而，区域的意象正是从所有这些系统彼此相互作用所产生的印象并同步行活动所得到的印象结合而形成的。所有这些系统必须同时地加以考虑，这个区域才能产生一个有机的内聚整体的印象。"[38]

　　由此，空间设计操作也从某种单一的"结构–系统"走向多重系统（"诸系统"）的同时性关系。在这里，各个系统是独立的，"分别加以考虑"；而多系统之间的同时性关系，在培根看来，最终还是要"产生一个有机的内聚整体的印象"。[39] 这已涉及有关多重系统的问题，将在下一章有关空间设计的机制的讨论中详细展开。

　　（3）由其他功能系统引起的空间操作

　　这方面的另一些线索更多地直接来自于技术上的发展和需要，如结合各类建筑设备而产生的多种系统：采暖通风系统，给排水系统，电力系统，各种智能信息系统等。与此相应的，则是现代建筑设计和生产建造中越来越细的专业分工趋向。这些系统一开始往往隐藏在传统的设计构件——如屋顶、墙壁、地面之中，但从技术的自律性及其发展来看，它们的独立性越来越突出，建筑空间设计也越来越需要以一种新的方法重新组合并整理各类构件和系统。在这里，要处理的操作要素与其选择各个分散的建筑体块或构件，毋宁直接面对各类系统。

　　早在 19 世纪中叶，法国评论家西萨·达利（Cesar Daly）就对英国人C.巴里（C. Barry）的伦敦俱乐部改造设计做了如下评论："这个建筑物不是由石头、砖和铁构成的毫无生机的体量，它几乎是一个活的机体，有它自己的神经和心脏血液循环系统"。在这里，达利所说的循环系统不是比拟于后来的流线，而是比拟于该建筑物墙壁中内藏的看不见的采暖和通风等机械系统（图 5-22）[40]。

　　在现代建筑设计中，这些设备系统已不再满足于"内藏"在传统的建筑构件之中，而越来越多地独立表现出来，成为一个连续的系统，并与某种形式结构（诸如外皮、内核或骨架等）相结合，成为空间设计的新的要素。

　　在诺曼·福斯特（Norman Foster）的塞恩斯伯里视觉艺术中心设计中，结构、设备与建筑空间再次结合起来，形成内含空间的双层"皮"（图 5-23）。而雷姆·库哈斯（Koolhaas Rem）的巴黎图书馆方案设计，则将散布的电梯设备代替传统的柱子，成为结构状的网格（图 5-24）。

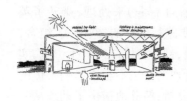

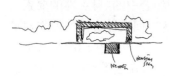

图 5-23　福斯特：塞恩斯伯里
　　　　视觉艺术中心

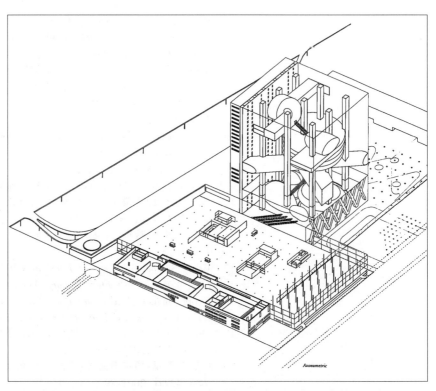

图 5-24　库哈斯：巴黎图书馆
方案

　　如此，通过技术（功能）系统与形式系统的结合，现代建筑专业分工有可能造成空间设计的割裂性问题，又可以用一种新的空间设计的方法重新组织或整合起来。而这种新的组织方法以及它如何应对不同的功能–技术性因素，正是本篇下一章要讨论的内容。

注　释：

1　William J. Mitchell, *The Logic of Architecture：design，computation，and cognition* (Cambridge，Mass.：The MIT Press，1990)，234.

2　该部分是在上篇内容的基础上，对其中有关空间设计中的要素问题所作的一个简略回顾。

3　Bernard Leupen & etc.，*Design and Analysis* (New York：Van Nostrand Reinhld，1997)，24.

4　Reyner Banham，*Theory and Design in the First Machine Age* (London：Butterworth Architecture，1st paperback edition，1972)，21–22.

5　William J. Mitchell, *The Logic of Architecture：Design，Computation，and Cognition* (Cambridge，Mass.：The MIT Press，1990)，234.

6　John Hejduk and Roger Canon，*Education of an Architect：A Point of View*，the Cooper Union School of Art & Architecture (New York：The Monacelli Press，1999)，245.

7　[美]保罗·拉索著；邱贤丰等译.图解思考：建筑表现技法.第 3 版.北京：中国建筑工业出版社，2002：81.

8　[荷]伯纳德·卢本等著；林尹星译.设计与分析.天津：天津大学出版社，2003：21.

9　意大利文艺复兴时代画家拉斐尔(Raphael)于 1508 年所作的壁画，画中有一栋建筑展现出相同的空间组合。

10　*Rasmussen* (1951), 70.见：[荷]伯纳德·卢本等著；林尹星译.设计与分析.天津：天津大学出版社,2003：24.（局部文字根据该书英文原文作了修改）

11　Hubert de Boer and Hans van Dijk, "Het park van de 21ste eeuw", Wonen TABK (12/1983), 24.见：[荷]伯纳德·卢本等著；林尹星译.设计与分析.天津：天津大学出版社,2003：24.（局部文字根据该书英文原文作了修改）

12　John Hejduk, *Mask of Medusa* (New York：Rizzoli International Publications, Inc., 1985), 63, 67.

13　Christian Norberg-Schulz, *Architecture：Presence, Language & Place* (Milan Italy：Skira Editore, 2000), 24.

14　William J. Mitchell, *The Logic of Architecture：design, computation, and cognition* (Cambridge, Mass.：The MIT Press, 1990), 1.

15　可参见：[英]葛瑞汉著；张海晏译.论道者：中国古代哲学论辩.北京：中国社会科学出版社,2003：364-371.

16　[德]赫尔曼·哈肯著；凌复华译.协同学：大自然构成的奥秘.上海：上海译文出版社,2001：5.

17　Georg Simmel, *Bridge and Door*. In:Neil Leach, ed., *Rethinking Architecture：A Reader in Cultural Theory* (London：Routledge, 1997), 66.

18　Georg Simmel, *Bridge and Door*. In:Neil Leach, ed., *Rethinking Architecture：A Reader in Cultural Theory* (London：Routledge, 1997), 67.

19　[俄]瓦西里·康定斯基著；罗世平等译.康定斯基论点线面.北京：中国人民大学出版社,2003：17.

20　[俄]瓦西里·康定斯基著；罗世平等译.康定斯基论点线面.北京：中国人民大学出版社,2003：79.

21　有关这种布置方案的进一步讨论在后文中将继续展开,详见下一章中关于凡尔赛花园与拉·维莱特公园的比较分析。

22　有关建筑和城市之不同尺度之间,甚至室内和室外之间,所可能对应的不同空间观念和操作方法的差异及其相互促动和转换,对于本书的写作也是一种隐含的参照。但限于此方面材料所涉及的广度和深度,在文中未作详细展开。

23　齐康主编.城市建筑.南京：东南大学出版社,2001：45-51.

24　齐康主编.城市建筑.南京：东南大学出版社,2001：23-24.

25　Douglas Graf, *Diagrams*, Perspecta 22 (1986), 42-71, 46.

26　[美]柯林·罗著；童明译.拼贴城市.北京：中国建筑工业出版社,2003：83.

27　Sigfried Giedion, *Space, Time and Architecture*,Cambridge,Mass：Harvard University Press, fifth edition,1967,lvi.

28　[美]伊利尔·沙里宁著；顾启源译.形式的探索：一条处理艺术问题的基本途径.北京：中国建筑工业出版社,1989：246.

29　[美]罗伯特·文丘里著；周卜颐译.建筑的复杂性与矛盾性.北京：中国建筑工业出版社,1991：53-54.

30　彭一刚.中国古典园林分析.北京：中国建筑工业出版社,1986：5.

31　Sigfried Giedion, *Space, Time and Architecture* (Cambridge, Mass.：Harvard University Press, fifth edition, 1967), xlvii.

32　在米歇尔的建筑语言研究中,将功能问题作为一种"功能性的连接"(functional connection)来讨论,和空间关系相对应。见：William J. Mitchell, *The Logic of Architecture：design, computation, and cognition* (Cambridge, Mass.：The MIT Press, 1990), 186-187.

33　Adrian Forty, *Words and Buildings：A Vocabulary of Modern Architecture* (New York：Thames & Hudson, 2000), 276.

34　东西方不同的建筑空间概念和体系是一个非常广泛和复杂的问题。本书的讨论以西方主流建筑空间的设计传统为主线,有关中国传统建筑空间的问题是一个隐含的参照,而不作为直接讨论的重点。虽然如此,这种隐含的参照对书中的讨论也是非常重要的,它在无形之中已使这种讨论更加具有了批判性。

35　Adrian Forty, *Words and Buildings*: *A Vocabulary of Modern Architecture* (New York: Thames & Hudson, 2000), 87.

36　参见:Adrian Forty, *Words and Buildings*: *A Vocabulary of Modern Architecture* (New York: Thames & Hudson, 2000), 90.

37　[荷]伯纳德·卢本等著;林尹星译.设计与分析.天津:天津大学出版社,2003:51.(局部文字根据该书英文原文作了修改)

38　[美]埃德蒙.N.培根著;黄富厢,朱琪译.城市设计.北京:中国建筑工业出版社,2003:252.

39　这种多重系统之间的相互关系,可以是培根所希望的"有机"的"整体",也可以是错动离散的或错动的关系,而不再有一个统一的整体。详见本篇下一章有关空间设计机制的讨论。

40　Adrian Forty, *Words and Buildings*: *A Vocabulary of Modern Architecture* (New York: Thames & Hudson, 2000), 89.

第六章 空间操作机制分析：制约与松弛

在建筑空间设计中,与要素相比,有关机制的问题是相对隐含的,它不是设计操作的直接对象,而更多体现了其背后的一些影响因素及其相互关系。在传统建筑的空间设计中,这些因素的影响和相互关系已取得一种稳定的平衡,并有一套相互匹配的空间形式处理方法,构成了经典建筑学的基础。而现代建筑空间设计的发展,则打破了这些已有的规则,促使原本隐含在诸如"构图原理"中的各种因素作用和相互关系被显现了出来,并获得了不同方向的发展。由此,本章提出有关空间操作"机制"(mechanism)的讨论,它不再是单一的"构图"或"构成",也不仅仅在于各个设计因素的分析,而是关注这些因素在设计中的作用方式及相互关系,进而讨论其在空间形式上的种种表达,以此为现代空间设计提供新的理解角度和操作方法。

在具体的分析中,针对单一设计因素的影响,本章区分了"强-弱"两类设计操作机制,以及"确定性"与"灵活性"两种空间性质;针对多种设计因素的相互影响,本章区分了"紧-松"两类设计操作机制,以及"单一性"与"多重性"两种空间性质。与上一章有关要素的分析相似,本章的这些分析,同样借助了某种基本的双重性的区分和互动关系。

在一般建筑学的传统中(包括学院派后期以及现代建筑的功能主义),所谓"强项机制"以及"紧密型机制"长期以来占据了主导的地位,它们体现出建筑空间设计中的确定性、一致性和控制性;而当代及历史上的一些空间设计中则隐含了另一种策略,即所谓"弱项机制"和"松弛型机制",它们体现出建筑空间设计中的灵活性、多重性和偶发性。这也是理解当代空间设计的一个重要方面。

最后,需要指出的是,本章这些双重性关系的区分也并非绝对的。"强-弱","紧-松"等也都可视为一种相对的关系,可互为前提和相互转换,诸如一般所谓"内紧外松"或"外紧内松"的设计等。这些差异和转换应对于具体建筑空间设计之不同层次、尺度以及"内外"之间,可使空间设计以不同的方式更自然、精确地展开[1]。

一、有关机制和空间设计的传统[2]

1. 构图原理：轴线形式与功能组合

基于要素基础之上的构图(composition)的问题,早在19世纪初即由迪朗提出。对迪朗来说,构图的问题具体体现为网格和轴线的方法,以此统一组织各种要素。这种网格的方法,还被迪朗用来统一绘制了不同时代和地区的建筑图,这其中已经隐含了一种统一、均质的空间概念,无疑成为后来现代主义建筑的某种先声。

在此前学院派的传统中,讨论的是配置(distribution)和布局(disposition)的问题,在19世纪中叶以后,构图逐渐取代配置和布局而成为一个核心问题。此时,有关构图的问题突出地表现为包括主、次轴线在内的一系列复杂的轴线式构图方法。这种轴线式的构图方法在学院派教学中根深蒂固,以至于在20世纪初加代的构图理论中,对轴线式构图的形式问题几乎未再论及,而将关注的重点放在了如何组织功能——并使功能组织与轴线式的构图形式相匹配(图6-1)。加代提出的所谓"构图要素",同时也都是一些功能体量。

其后,由霍华德·罗伯逊(Howard Robertson)于20世纪20年代写作了《建筑构图》(*Architectural Composition*)一书。该书在具体谈到构图问题时,首先谈的是平面构图,然后谈了平面与立面的关系。而在谈到平面构图时,有关形式问题往往也是与功能问题一起讨论的。譬如构图中如何安排不同形状的对比,以特别突出的形状表现重要的功能空间,使其成为构图形式的重点;再如通过轴线和行进路线的安排,进行铺垫,将反映建筑物性格的主要功能安排在高潮的位置;甚至包括对图面中"涂黑"的墙柱特别加"重",以表明主要的功能空间;等等(图6-2)。与此相对,次要的辅助性功能必须配以一般的形状,以避免抢去主题;在整体安排上还可进一步合并,以作为整体层次上的陪衬或铺垫;等等(图6-3)[3]。

图 6-1　获罗马大奖第二名的设计:法国代表团驻摩洛哥住处(左)

图 6-2　罗马圣彼得教堂(中)

图 6-3　梵蒂冈的雕塑庭院(右)

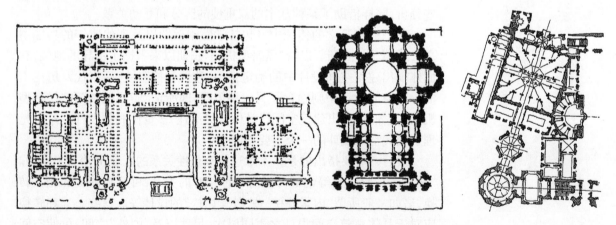

2. 构图四则:几何形体、结构框架与自由平面

有关构图的方法继续影响了现代主义大师柯布西耶。所不同的是,一方面,在形式组织上,自立体主义之后,柯布西耶发展出了他的纯粹主义美学,结合工业化生产的背景,提出了"对象-类型"的问题,并使图面中基本体块和轮廓的表现具有了多重性和模糊性;另一方面,在技术发展上,针对新的钢筋混凝土技术,柯布西耶提出了基本的"多米诺"结构,打开了内外空间,并使结构和空间围合可以相互独立。在这些基础上,柯

布西耶在 20 世纪 20 年代提出了"构图四则",解决了基本立方体的形式控制之下,自由平面与功能布置的问题。

与此同时,柯布西耶的"新建筑五要素",区分了结构、平面功能和形式的要求,并在新的条件下将其重新组合。这些不同的要素各自遵循不同的功能或形式要求,相互分离,彼此独立,并且统一在柯布西耶所谓"塑性"的空间形式中。

3. 空间构成:形式要素与结构构件

与柯布西耶一样,在 20 世纪 20 年代,荷兰风格派也追求一种新的"塑性"的空间表现形式。在这里,塑性的含义更多来自于抽象的形式,并体现在一系列抽象的形式构成中。这种形式构成反映出一种新的"机器美学"的思想,在形式控制方面也往往采用正交的空间网格,表达了一种抽象的连续的空间概念。

而在形式与结构功能的关系上,与柯布西耶所不同的是,尽管风格派的"空间构成"也区分了不同的构件,但这些构件往往既是抽象的空间形式要素,同时又是具体的结构或功能构件。这一特征,在此前赖特的建筑中更为明显,被他称之为"有机建筑"。也正是这一点,在风格派最后由里特维尔德设计的施罗德住宅中,已不复存在,完全蜕变为与结构和功能无关的形式构成——也许正因如此,摆脱了结构重力的影响,才真正自由地表达了风格派对纯粹抽象形式的追求。此后,风格派运动也基本告一段落,不再有具影响力的作品出现。

在密斯的早期乡村砖住宅方案中,依旧可以看到风格派的影响。伸展的砖墙既是抽象的空间形式构成要素,又是承重的结构物,并清晰地表达了材料和构造——这一点也许更接近赖特。在后来的巴塞罗那博览会德国馆中,则引入了严谨对称排列的 8 根钢柱,又在某种程度上区分了墙体的空间限定功能与钢柱的结构支撑功能。

4. "结构–空间"与平面形式

有关"结构(支撑)–空间(围护)"这一对问题,成为 20 世纪 50 年代"得州骑警"时期著名的"九宫格"练习的基础。同样的问题也反映在同时期的另一个设计练习"建筑分析"中。

除了"多米诺结构"与"空间构成"这一对前提之外,潜藏在二维平面中的形式问题是"九宫格"练习的另一个基础。这一问题继承了维特科维尔在分析帕拉第奥的别墅时所用的平面几何图式,以更精细的网格和轴线的方式,统一和联系了自文艺复兴以来的人文主义的形式传统。由此,九宫格练习所采用的这些要素既可理解为具体的建筑构件,又可视为抽象的形式要素。

5. 形式操作的自律性与"后功能主义"

在其后"九宫格"问题的发展中,埃森曼继续了抽象形式方面的探索，并将功能问题与形式问题相剥离，由此提出所谓"后功能主义"（post-functionalism）之说，将功能与形式研究分离开来，并着重于研究建筑空间形式的自律性。

埃森曼早期的研究（以"住宅系列"为代表）受到了以乔姆斯基为代表的新的结构主义思想的影响。在此基础上，他提出"深层结构"与"浅层结构"的问题，将关注的中心转向要素相互之间的句法关系（syntax）而非要素本身。

二、建筑空间设计的诸因素与操作机制

无论是学院派"构图"中功能与轴线形式的匹配，还是"得州骑警"的"九宫格"中"结构–空间"关系的预设，抑或埃森曼的"后功能主义"之说撇清了"功能–形式"之间的关系——这些探讨，对于建筑空间设计来说，其意义并不仅在于提供了纯粹空间形式问题研究的可能，还在于以不同的方法，对探讨空间设计中所涉及的"形式–功能–结构"等诸多因素的作用及其相互关系提供了可能。正是这些方面，构成了本章对空间操作机制问题的探讨。

对于一般建筑空间设计的研究来说，"形式–功能–结构–场地"等各种因素往往构成不同的线索，对空间设计进行限定或提供思路。在荷兰代尔夫特建筑学院编写的《设计与分析》一书中，分了若干不同章节来讨论这些问题，诸如："秩序与构图（组合）"，"设计与使用"，"设计与结构"，"设计与背景环境"等。在一般建筑分析的研究中，除了前述不同要素的分析之外，也会对这些不同的设计因素或线索进行分析和比较。例如对某一要素的分析，往往发现它既是空间限定的形体要素，又是结构承重构件等。

这样一些分析和研究，揭示了建筑设计所面临的各种复杂情况，需要同时兼顾不同的因素和线索。美国建筑师罗伯特·文丘里（Robert Venturi）由此在20世纪60年代提出了建筑的矛盾性和复杂性问题，以此批判现代建筑中过于简化的功能主义设计方法，并将其依据追溯到维特鲁威（Vitruvius）的三大原则："建筑要满足维特鲁威所提出的实用、坚固、美观三大要素，就必然是复杂和矛盾的。"[4]

对于现代建筑来说，其发展过程一方面强化了功能性和技术性因素的影响，另一方面又从现代艺术中吸取了新的形式方面的因素，并且不断地在各种矛盾和复杂的因素之间相互区分，凸显出各种因素的独立性和自律性：包括前述承重结构和空间围护的区分，以及各种专业分工所带来的分门别类的功能系统等，与此相应的则有所谓形式操作的自律性。但是，必须承认的是：在这种区分中，如果没有相应的综合的方法，或将现代技术与艺术的发展一并吸纳和结合的话，就有可能走向一种简单的肢解和机械的分离，这也是在现代建筑发展之后，形成的所谓"国际式"建筑风格所具有的一个通病，丧失了早期现代建筑和第一代大师的创作中所具有的丰富性和变化。也正是在这个意义上，文丘里重新回顾了维特鲁威的建筑学定义，并以大量的历史建筑为例，对现代建筑中某些简单的分离和所谓"专用"的功能性设计提出了质疑。

鉴于此,文丘里在书中列举了大量传统建筑的例子,来验证他所提出的"两者兼顾"、"双重功能的要素"等现象。另一方面,他对于现代建筑中柯布西耶、阿尔托(Alar Aalto)和康等人的作品也同样欣赏——尤其是柯布西耶,作为现代主义的第一代大师,其设计作品中已经蕴涵了多种矛盾性和复杂性。在文丘里的书中,对于以柯布西耶为代表的现代建筑与历史上的大多数传统建筑几乎是一视同仁的,在指出他们之间的共性的同时,并未论及其不同和差异。但是,正如上文分析中所指出的那样,柯布西耶对现代技术和社会生活所发生的专业化倾向的态度又是积极的,他的新建筑五要素也可看做是分门别类地解决问题的一种新的方式。这里,有关建筑空间设计的各种因素被区分开来,又以新的方式重新组织。现代建筑所产生的一些专门化的构件和要素,并没有使他的建筑流于简单化而丧失丰富性或模糊性,而是与新的空间形式的设计因素结合,成为新的复杂性组合的一个重要来源。

上述这些诸多线索,往往也被归为"形式–功能"这一对基本关系来进行讨论。这里的功能含义,与形式相对,可视为一种广义的理解,不仅包括人的使用活动需要,也包括物质性的需要:例如承重功能,围护功能,交通功能等等多种功能性因素——这些因素,伴随现代社会的发展,被区分得越来越多,越来越细,其影响也越来越突出。

自现代建筑初期沙里文提出"形式追随功能"的口号之后,有关功能和形式的关系,就成为现代建筑讨论中一个挥之不去的话题。事实上,在学院派的构图理论中就已将如何使轴线形式与功能布置相配作为一个主要问题。此后赖特、风格派、柯布西耶等都分别以不同的方式在建筑物的结构承重功能,抽象的形式关系,以及使用舒适的自由平面等问题上做出了探索。得州骑警时期的九宫格练习则使柯布西耶的框架结构之承重功能与凡·杜斯堡的空间构成之围护功能成为一对相互作用的关系。

值得一提的是此后海杜克在库柏联盟的"方盒子"练习(cube problem)。在海杜克的介绍中,特别提出:此前的建筑设计都是从功能任务即程序(program)出发而获得形式,而"方盒子"练习则反其道而行之,先给定一个形体,从中由学生发展出某种功能程序。

与海杜克关系密切的另一位新先锋派建筑师埃森曼,更是对现代功能主义的建筑设计提出批判,以一种"后功能主义"的姿态提出形式与功能的两种关系:一种是所谓"强形式",即形式与功能严格对位联系,反映出现代功能主义的态度;另一种则是所谓"弱形式",形式与功能彼此脱离,不再有一一对应的关系,形式获得自身的独立性和自律性。

针对这些不同因素或线索对空间设计的影响,本书提出了有关建筑空间操作机制研究的基本问题。在上一章有关空间操作要素分析的基础上,本章将继续分析在空间设计中诸多因素或线索对操作要素的不同作用和影响。这种分析又可以分别在两种情况下展开:一种情况是单个因素或线索各自独立地作用于某一要素——其影响有强有弱;另一种情况是诸多因素或线索相互共同作用于某一或多个要素——其关系或紧或松。与此同时,这两种情况中诸因素作用不同的影响和相互关系也表明了不同的空间概念:诸如确定性与灵活性,均质性与异质性,单一性与多重性等。这些问题构成了本章空间操作机制研究的主要内容。

三、单因素的影响与两类空间操作机制:强−弱

首先,对上述各种作用因素和线索分别加以独立的考察,可以发现:不同情况下,各个因素或线索的作用是各不相同的,并具体表现在对各个设计要素的影响上。

在学院派的设计传统中,轴线式的形式控制有着非常强烈的影响。而到了19世纪和20世纪初,新的功能类型不断涌现,对传统的空间设计方法提出更多的挑战,在加代总结的要素和构图原理中,主要的篇幅都放在了如何应对不同功能类型的要求上。他将构图(空间设计)作为各个功能体块(构图要素)的组织,并提出了动与静的区分。由此,各个空间形体都有一定的功能内容相匹配,使用功能也与交通功能区分开来。

事实上,明确区分房间和走道,并将每个房间赋予一项规定的用途(直接体现在房间名称上),这种做法在18世纪至19世纪英国的乡间小屋中就已出现(图6-4)。"这种形式的房子可说是许多房间的集合,其中包含了为特别活动及特殊气氛所设的房间,有餐厅、早餐室、图书馆,还有女士专用的集会厅(drawing room,原为退避房 withdrawing room),她们可以避开男士吞云吐雾下形成的烟幕。"[5] 与此相对比,原先16世纪文艺复兴时期帕拉第奥设计的别墅内部则没有明确的交通与使用功能的区分,各个空间体量(除楼梯外)也没有十分明确的功能归属。

另一个比较发生在帕拉第奥和柯布西耶之间,在柯林·罗所写的"理想别墅"一文中,比较了二者设计的两个别墅。罗的文章继承了维特科维尔的人文主义研究的传统,并以一种沃尔夫林式的形式主义方法道出了两者在几何形式上的共同特征。在这篇分析中,尽管跨越了三百多年,彼此在功能和结构方式上已经有了很大的变化,罗仍成功地指出了一种形式主义传统的延续,一种精准的几何控制。值得注意的是,罗的分析中特别指出:尽管帕拉第奥和柯布西耶都曾试图以一种结构的合理性逻辑为其轴线形式的分隔作辩护,但其实,其他各种结构的可能性都同样成立,真正重要的影响因素还是这种几何形式本身[6]。

当然,在另一些情况下,结构因素对空间设计的影响又是至关紧要的。在传统建筑中,这方面突出的例子当数哥特教堂,对它的探讨构成了相当一批结构理性主义者的研究基础。在现代建筑中,新的技术和材料的探索更加促动了一系列有关技术决定论的思想。

20世纪90年代,在麻省理工学院威廉.J.米歇尔(William J. Mitchell)的建筑语言研究中,在讨论形式与功能的关系时,提到"强−弱"(strong-weak)两种规则:"强项规则构成的语法导致非常有限的特别的用途,但它使设计问题得到一种确信的、有效的解决。而由弱项规则构成的语法

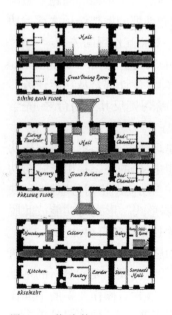

图 6-4 普瑞特(RogerPartt):
　　　 科勒希尔之家

则有更广泛的用途,但不利于得到有效的结果"[7]。米歇尔的这一提法是受到艾伦·纽厄尔(Allen Newell)在 20 世纪 70 年代提出"强—弱"两种解决问题方法的影响:强项要求导致强的结果,弱项要求则导致弱的结果[8]。

由此,针对单一设计因素对于特定操作对象(要素)的影响,本书提出两类空间操作机制:一类称之为"强项(stong)机制"——当某一设计因素的影响较强时,特定空间操作对象(要素)与该因素的关联就比较明确,诸如上文的某一房间只对应某一功能的情况——再进一步,房间的空间划分和形状还需符合特定尺度家具设施的安排,或满足特别具体的活动要求等。与此相对,另一类则称之为"弱项(weak)机制"——当某一设计因素的影响较弱时,特定空间操作对象(要素)与该因素的关联也就比较含糊或不明确,诸如上文的某一房间无特定功能对应的情况,或者是比较通用灵活的功能对应,可同时满足多种功能活动。

以"强—弱"两类设计机制,看前述有关机制与空间设计的传统,可以发现:学院派的设计传统中,通过诸如轴线式构图等的强调,突出了某种形式主义因素的影响,加代的两类要素中,尽管第一类"建筑要素"也可视为结构构件,但更强调的还是由"构图要素"所反映的功能体块的关系。柯布西耶的构图四则和新建筑五要素则顺应现代技术和社会分工的发展,结合其纯粹主义的形式美学,分别强调出不同因素的影响。风格派的空间构成突出的是抽象形式因素本身的影响,有关使用功能和结构功能等因素的考虑则较弱。"九宫格"练习一方面继续强调了形式因素本身,另一方面也突出了建筑的结构逻辑。而埃森曼的形式操作研究则更是完全消除了包括使用和结构在内的所有功能性因素的影响,而凸显形式的自律性。

四、"强—弱"机制与两类空间性质:确定性与灵活性

在空间设计中,上述这些因素的不同影响最终都要反映在空间形式上。就功能和形式的相互关系而言:不同的形式所可能对应或满足的功能要求也是不一样的;由某一特定功能所产生的强烈影响往往会导致特定形状和结构的空间,如同生物形态的演变那样(图 6-5)。

对应于强弱两种不同的空间操作机制,也有着两类不同性质的空间形式:一类与确定性(fixity)有关,空间形式具有某种规定性,如已经有很多不同的形态差异和分化的空间,只适合某种特别的功能布置类型;另一种则与灵活性(flexibility)有关,空间形式具有某种弹性,如均一的未分化(整合)的较规整的空间,可能对应更多的功能需求(图 6-6)。

对于前者,现代建筑空间的设计发展出"专用性"的空间设计方法;对于后者,则发展出"通用性"、"可适性"及"可变性"等空间设计方法。

建筑理论家克里斯多夫·亚历山大(Christopher Alexander)早在 20世纪 60 年代的研究即开始探索所谓的建筑形式(form)与各种情况或问题(context)之间的"吻合度"(fit)问题,力图建立一种连贯而全面的设计理论。不过,在后续研究中,他也越来越发现早期这种固定的简单化的设

图 6-5　生物演化和功能分节:
三叶虫化石和现代的
蟹(Simpson,1967)

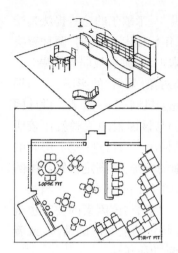

图6-6 松弛配置与紧密配置

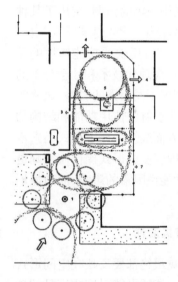

图6-7 凡·艾克:阿姆斯特丹
孤儿院入口空间过渡

计方法的不足[9]。

与此相对,开始于20世纪50年代至60年代的荷兰结构主义,则明确反对现代建筑中的功能主义教条,提出"双重现象"(twin phenomena)[10]以及灵活性的问题(图6-7)。赫兹伯格在后来更是写道:"空间和确定性形同陌路。空间是新事物出现的潜在标志。……当一样事物可以被掌握和被透彻理解时,它便丧失了自己的空间"[11]。

对此,舒尔兹的"存在空间"研究中,在结尾讨论不同阶段的相互作用时,涉及空间"容量"的问题,采用了"分段化程度"作为衡定标准:"未分段的形体只能收容未分段的内容。分段化如果是进行允许密度、布局或尺度变化的重复,同时又是遍及全体的'一般性',那么它的空间大体上就可以完全包括不同的内容。相反,如果分段化的目的在于建立一个特殊的形体,那么与之相应其内容也必须是特殊性的。"[12]

关于这种空间形式的分化程度或弹性程度的分析,舒尔兹的"分段化程度"可看做一种定性的描述。与此相关的有美国建筑师康对房间功能的定性分类而非以专门名称命名,诸如服务-被服务空间,有导向-无导向空间等,以适应用途变化的复杂性。此外,还有日本建筑师原广司的研究,区分了"固定的"(fixed)与"飘移的"(drifted)两类空间区域,并指出:在所谓"飘移的"区域中没有连贯单一逻辑[13]。

与上述这些定性的研究相对,由比尔·希利尔(Bill Hillier)开创的"空间句法"(space syntax)研究则提供了一种定量的方法:该项研究基于网格化的空间和形体单元的拓扑关系分析,提出(拓扑)"深度"(depth)及空间"整合度"(integration)等量化指标:各部分的相互关系计算出"拓扑深度",表示各部分在整体中或与其他部分相互比较中的地位;"空间整合度"则是在此基础上得出的一个空间整体性的评价数值。根据这种分析,可以清楚地看到圆形、正方形与长方形各部分在空间关系(拓扑深度)上的差异,以及不同平面形状在空间分化程度和总体整合度方面的差异(图6-8)[14]。

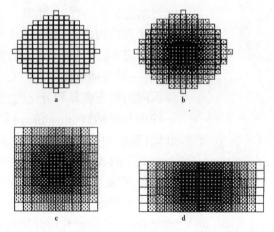

图6-8 希利尔:不同平面形状
的拓扑深度

　　　　　空间操作

五、多因素的影响与两类空间操作机制：紧—松

上文讨论了空间设计中诸因素各自的强弱作用，以及与此相应的两类空间性质。接下来，在空间设计操作中，另一个重要的问题即是各因素之间相互的关系，如何共同作用于具体的操作要素。

在 20 世纪 80 年代美国建筑师皮尔·冯·梅斯（Pierre von Meiss）写的《建筑要素：从形式到场所》（*Elements of Architecture: From Form to Place*）一书中，开篇即以窗户为例来说明现代建筑和空间发展对传统设计要素带来的挑战。书中首先分析窗户的发展历史并总结出其三大基本功能：采光—视线—室内外空间分隔。在传统建筑中，由于外墙的承重要求，开窗方式以垂直向的竖向长窗为主，它集采光—视线—室内外空间分隔三大功能于一身，窗户的设计同时考虑多种因素，成为建筑设计的重要形体对象（object）。而现代建筑打破了结构的束缚，上述三大功能也可以更清楚地分离开来，分别由各自不同的开口设计来处理不同的单项需求，窗户的设计也呈现出不同的情况和全新的可能。这使传统的设计要素和原则面临挑战 [15]（图 6-9）。

最近，由英国建筑教授西蒙·昂温（Simon Unwin）写的《建筑分析》（*Analysing Architecture*）一书，也以专门的一章讨论了要素的多种作用。同一要素，例如墙，既是结构构件，又起重要的空间限定作用——而这种空间

Kahn

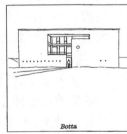
Botta

Kroll

Prouvé

Figure 5 Where are the certainties of the vertical window when its lintel no longer needs to carry the weight of the wall? The skin of the building with its enclosure and openings contradicting, sometimes in a daring manner, material and constructional realities, in an exploration of the potential of plastic or symbolic expression.

Reichlin et Reinhart

Mies van der Rohe

Meier

图 6-9 梅斯：解脱承重功能后
　　　窗户设计的多种可能

图 6-10 昂温：墙的多种作用

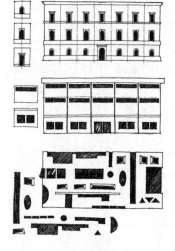

图 6-11 塞维：功能列表应用于窗的设计

限定作用又可再分为内部空间围合及外部空间界面的双重作用，甚至在有些时候，其顶部还可以成为一条走道(对于猫和小孩而言)[16](图6-10)。

这样一些讨论涉及影响建筑空间的基本因素。如前所述：早在两千年前，古罗马建筑学者维特鲁威就提出的实用、坚固、美观三大因素，构成了建筑学的基础。而现代建筑的发展，伴随不断强化的专业分工的倾向，则使各种功能性和技术性的因素被分离和强调出来。与此相对，各个不同因素之间的是否兼容或并存的问题也被提了出来，如文丘里的略带怀旧色彩的兼容并蓄的"复杂性与矛盾性"，以及埃森曼将功能问题与形式问题相剥离的带有所谓"新先锋"色彩的"弱形式"操作。

在上述文丘里的书中，多次提到要素的适应性和"双重功能"。在论及多功能的房间时，他以康为例："康喜欢画廊，因为它同时既有导向又无导向，既是走道又是房间。"[17] 这与上文讨论的自英国乡间小屋以来划分走道和不同用途的房间的设计方式形成鲜明的对比。而在文丘里看来，与这种多功能倾向相对比的则是现代建筑中密斯和赖特等人建筑设计中的单一功能倾向。

与文丘里的担心正相反，梅斯在上述书中指出：现代技术的发展，使建筑要素的设计越来越摆脱了物质性的影响，各种功能性因素(借助新的技术条件)得以独立地发挥作用，结果导致更多选项和组合的可能性。新的挑战在于如何在某些传统的规则打破之后，重新对待这些选择和可能，避免陷入空间形式的杂乱。这一点与布鲁诺·赛维的观点类似，在他的《现代建筑语言》一书中，将功能主义的设计解释为一种"列表"(listing)的方法，即按照不同功能需求分门别类地设计建筑构件，不再拘泥于传统的形式规则，重新回到设计的"零点"，并增加了选择的可能性(图6-11)[18]。

如上文所述：在建筑空间设计中，诸因素的相互关系及其对空间设计的影响是多种多样的。针对多种设计因素对于特定操作要素的影响及其相互关系，本书提出两类空间操作机制：一类是多种设计因素的影响相互匹配，共同作用，反映为同一空间操作要素同时兼顾和满足多项设计因素的要求——本文称之为"紧密型(tight)机制"；另一类则是多种设计因素的影响相互分离，各自作用，反映为不同空间操作要素分别独立地满足单项设计因素的要求——本文称之为"松弛型(loose)机制"。

以"紧-松"两类操作机制，看前述有关机制与空间设计的传统，可以发现：加代的构图原理的核心，其实就是轴线式形式与功能组织的匹配或合一。柯布西耶的构图四则和新建筑五要素则顺应现代技术和社会分工的发展，使不同的影响因素——内与外，功能、结构与形式各自独立地作用，互不干扰，从而体现了各自的特点，既而又以一种纯粹主义的美学将他们重新组织起来。赖特和风格派的空间设计则使结构构件与空间限定要素合而为一——尽管在风格派的发展中，有脱离物质结构而追求抽象形式的倾向。这种"有机"的方式，在其后康的"中空结构"以及近来伊东丰雄建筑的"整合"化倾向中，再次体现出来。"九宫格"练习则以相互分离的结构和空间围护构件两套系统为基础——尽管它们又都组织在一种形式主义的关系中(这也是下一节要讨论的)。而埃森曼的形式操作研究则更是完全撇清了功能和形式因素的相互联系。

六、"紧-松"机制与两类空间性质:单一性与多重性

在空间设计中,不同因素对设计要素的影响及其相互关系最终将反映在空间形式及其自身的组织方式上。多种因素作用下相互关系的不同,也往往对应着不同的空间形式组织关系。

对应于"紧-松"两类空间操作机制,也有两类不同性质的空间形式组织关系:一类为"单一性"(single)的空间,建立在某种一致和统一的基础上——各种形式关系共同作用,相互影响和制约,与此对应的是"紧密型机制";另一类则为"多重性"(multiformity)的空间,建立在各自独立和自律的基础上,相互之间未必有一致或统一的基础——各种形式关系独立作用,相互脱离而自由,与此对应的是"松弛型机制"。

这两类空间性质,从更广泛的意义上看,也反映了人类对世界的两类不同认识。

在科学研究领域,自牛顿-笛卡儿以来西方科学的发展,一直试图建立一种世界性的统一规律,包括目前物理界对所谓"大统一"理论的探讨;另一方面,在爱因斯坦的相对论时空观念之后,更有新的量子论的发展,对经典物理科学的基础和上述这种努力提出了挑战:它使事物存在的不同可能状态得以同时成立,承认了多重性而不是唯一性的真实。

在哲学研究领域,最初的古希腊自然哲学对世界的本原是"一"还是"多",就有了不同的争论。伊奥尼亚学派——无论是泰勒斯(Thalēs)的"水本原说"还是赫拉克利特(Heraclitos)的"火本原说"亦"逻各斯(logos)说",都认为世界的本原是变化的 "一";爱利亚学派——以巴门尼德(Pamenides)为代表,则认为世界的本原是所谓"是者"(being, einai),是者是不变的"一";与此相对,毕达哥拉斯(Pythagoras)派的"数本原说"则认为数是不变的"多";而元素论者——无论是恩培多克勒(Empedoclēs)的"水-土-气-水"之"四根说",还是德谟克里特(Dēmocritos)的"原子论",都认为本原是变化的"多"。在此后的发展中,"逻各斯"和"是者"在西方经典哲学思想中长期占据了主导性的地位,成为了某种统一的基础。而当代哲学的发展则再次对经典哲学中这种先在的、统一的基础假设提出质疑。这种转变可以在当代结构主义(及后结构主义)的发展中得到印证:从早期对稳定的静态结构的探求转向对动态生成转换过程的研究,及至对任何既定的稳定结构的瓦解,表明了对类似性和差异性、单一性与多重性等不同的认识态度。

与此相应,在艺术领域,立体主义之后的空间形式也发生了重大的变革:二维与三维、时间与空间等重要关系被重新考虑。在对画面空间的探讨中出现了不同视角的同时性状态,对图底关系的探讨中也出现了多重解读的模糊性。这些探讨,打破了单一视角,消除了统一的背景,使同样一幅画面空间存在多种不同的解释。

同样，在建筑空间的发展中，也出现了两类不同的空间性质。

一方面，自文艺复兴阿尔伯蒂以来的透视法的传统，统一了空间的描述和表现方式，以此打下了建筑学的某种传统。与此相应，由笛卡儿坐标所确立的统一的空间网格，成为理性主义的建筑设计的基础，诸如在迪朗的构图中所用的网格。与此对应，学院派的构图理论也以轴线式的组织为基础，以此建立一种多样统一的空间形式关系。

现代建筑的发展，促成了内外之间连续的空间概念。在大多数情况下，这种连续空间的概念与迪朗的网格所表达的概念相互结合，发展了一种连续的、抽象的、统一的空间概念。诸如柯布西耶的多米诺体系，以及风格派的空间构成。这种抽象统一的空间，在包豪斯的进一步影响下，成为后来现代主义席卷全球的"国际式"的"通用空间"（universal space）。

另一方面，现代主义建筑又发展出多种不同的空间设计方式。这些空间设计方式，不能简单地所谓以"国际式"的通用和连续空间来解释。柯布西耶的构图四则和新建筑五要素，提出了解决不同矛盾需要的新方法，出现了自由立面和自由平面等一系列各不相干的独立的要素，分别应对不同的问题，并将其组织在一种纯粹主义的"塑性"空间形式中。这种空间形式，被罗等人以"透明性"（transparency）的概念进行了诠释，并为此提出两种不同的透明性：字面的透明（literal transparency）和现象的透明（phenomenal transparency），以此区分了分别以包豪斯和柯布西耶为代表的两种现代主义的空间形式，并进而揭示了后者空间形式中存在的多种参照、多种体系及多种解释并存的模糊性和可能性。

罗的这些研究，可视为战后对现代建筑的重新诠释，为"得州骑警"和后来"纽约五"等战后形式主义的建筑研究打下了基础。尽管有关"透明性"的问题在其后遭遇了不同地解释或发展——其中包括赫斯里对于透明性作为设计工具的某种应用。在赫斯里为《透明性》一书添加的附注中，再次借助于连续空间的概念，以统一"虚–实"及"图–底"两类基本的建筑空间关系——诸如诺里（Nolli）绘制的罗马地图，空间从城市街道广场向建筑群和公共建筑物内部的连续渗透（图 6–12）。这种连续空间的概念，被赫斯里寄予某种厚望，以期统一现代建筑以来出现的各种不同的空间设计方式（图 6–13）[19]。

在文丘里的书中，在给出解决矛盾问题的出路时，他作了两种分类：一种是"适应矛盾"，即对构件（要素）加以调整和妥协以适应矛盾——相当于"温和的疗法"；另一种是"矛盾并存"，即不同的构件（要素）毗邻，矛盾因素对比重叠——相当于"电休克疗法"[20]。在这里，适应矛盾，即以同一个构件（要素）来协调多种因素，相当于上述"紧密的"设计机制；而矛盾并存，则以不同的构件（要素）来分别反映不同的矛盾因素，相当于上述"松弛的"设计机制。

对于后一种情况，文丘里特别提出了"重叠"的方法。"重叠是兼容而不排斥。它能把对立和不相容的建筑构件联系起来；能在总体中容纳对立的东西；它能适应有效而无前提的推理，并赋予多层意义。"尽管这种

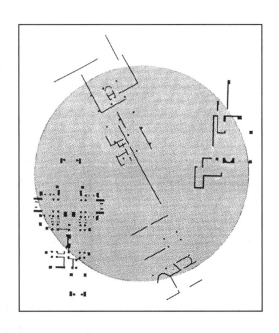

图 6-12　诺里：罗马地图中空间的连续渗透(左)

图 6-13　赖特、风格派、密斯和柯布西耶：连续空间中的限定要素与不同程度的围合 (Arthur Drexler, 1960)(右)

方法也被用于一些传统建筑的例子，接下来文丘里在书中还是特别指出，"重叠可以视为从立体主义的同时性和正统现代建筑中的透明性的一种演变。"[21] 这里,重叠与一般的矛盾调和不同,它反映了自现代建筑和立体主义绘画以来的某种新的空间概念。这种新的空间概念不再拘泥于简单的空间上的一致或统一,而允许一种空间上模糊的解释或多种不同可能性的同时存在。

需要指出的是,本章这些双重性关系的区分并非绝对的。"强-弱","紧-松"等也都可视为一种相对的关系,可互为前提和相互转换。诸如一般"内紧外松"的设计与"外紧内松"的设计等。在伊东丰雄的仙台媒体艺术中心设计中,开始采用的"柔软"、"轻盈"的管状纤维物发展成最终"强硬"的结构支撑,体现出某种对抗 [22]。这些不同设计机制的讨论,应对于具体建筑空间设计之不同层次、尺度以及"内外"之间,可使空间设计以不同方式更自然、精确地展开。

七、基本要素与空间操作机制：以"点-线-面"为例

在上一章中,以"点-线-面"为例,谈到基本形式要素与空间的双重性理解。本章将进一步讨论在不同的操作机制作用下,这些基本的空间形式要素,所具有的不同表现。

首先,与"强-弱"机制对应,"点-线-面"的空间性质也呈现不同的倾向。在强项机制作用下,各形式要素倾向于更多的确定性和"分段化"程度:"点"成为中心、次中心;"线"成为轴线、次轴线;"面"则分化为各类特征突出的形状。在弱项机制作用下,各形式要素倾向于更多的弹性和整合程度:"点"成为均质点阵;"线"也不再是控制性的轴线,而是各类自由的柔性的线形要素;"面"则更倾向于不定形的或中性的区域。

接下来，与"紧-松"机制对应，"点-线-面"等不同的形式要素相互之间的空间关系也呈现两种不同的倾向。一种为一致性或单一性的空间，"点-线-面"之间相互限定和映衬、彼此制约、共同作用，形成一种基于单一性基础上的对比丰富的空间关系；另一种为自律性或多重性的空间，"点-线-面"之间相互脱离和独立、彼此自由、各自作用，形成一种基于多重性基础上的模糊复杂的空间关系。

下文即以位于巴黎近郊的凡尔赛花园和拉·维莱特公园为例，具体说明在不同的空间设计机制作用下，基本形式要素点-线-面及其相互关系之不同表现[23]。

这两个园，可分别视为法国古典主义时期和当代的两种不同的花园景观设计范例。以花园自身的设计而言，两者都借助于某种几何学的工具，以点、线、面的基本要素来构成，但要素的具体表现及其空间组织却大异其趣。

在凡尔赛花园，景观建筑师勒·诺特（Le Nôtre, André）通过一种几何学的工具，以那个时代刚刚觉醒的理性主义的精神"刻画"自然，以此表现出帝王之集中意志。各种具体要素均被赋予抽象的几何性。这些不同的几何形式可概括为点、线、面三种基本要素——在整体布置中，它们或是独立的形体，或是某种结构组织。

在这个几何学的组织中：点意味着中心或端点，布置着重要的雕塑、喷泉、中心对称式的花坛或水池；由点发散出线，线是轴线，由大小不同的道路和两边修剪成行的树木、列柱或雕塑构成；由线分割出面，这是掩映在草坪、树丛中的大大小小，各不相同的绿地花园。在这里，点、线、面相互吻合，共处于一个统一的几何系统中。在这个几何性的空间中，各个要素之间相互限定和生成：花园（面）的边界即是树篱和道路（线），道路的交叉则是中心（点）。

除此之外，在点与点、线与线、面与面之间，还存在一个等级秩序和层次的控制：有作为整体统一因素的主要核心和轴线，并由此发散出次一级的中心和轴线，大大小小的各种绿地花园则由这些轴线所分割或贯穿，最终形成等级分明的空间层次，有主有从。在这样一种层次分明、结构有序的构图关系中：各个要素，无论是一个雕塑甚或一株修剪过的树木，都能在整体中找到它的位置，并通过其在整体中的融入而使两者都得到了进一步的丰富和强化。而在这个金字塔式的等级体系的顶端，则通过特别强调的轴向张力，将路易十四的新宫殿安放于世界的中心——这个世界以有待征服和控制的自然为其最终背景，这是一种无尽的、均质的空间，通过赋予其笛卡儿式的几何性而被纳入设计的视野。

在凡尔赛花园的总平面图中（图 6-14），可以清楚地看到它的空间组织关系，在这幅图中：花园被涂成了黑色，映衬出中心和轴线的关系；点、线、面之间遵循着图底关系的基本原则，相互限定；整个构图围绕着主要的中心和轴线，分层次地展开，形成丰富统一的效果。

与此相对，拉·维莱特公园的设计者屈米同样借助于几何学的工具，通过均质网格中的点阵,将不同的功能均匀散布于公园用地中——由此一反传统西方花园中建筑单体的集中布局,而展开一种"结构性的布置方案"(structural solution)[24]。这一方案同样由基本要素点、线、面构成。所不同的是,在这里,点、线、面明确地被理解为不同的系统,并且各个系统之间相互分离,形成不同的层面——这些不同的层面最终不再纳入一个统一的几何空间中。

在拉·维莱特公园这个结构性的布置中,"点"不再是中心,而是上述点阵,亦即一系列的"园中小筑"(folly)[25]——设计者在这里将其处理为由一定模数控制的醒目的红色构筑物,希望由此对公园空间的结构组织起到关键作用——不过,正如某些批评家所指出的那样,这些点阵所暗示的网格关系,更多存在于设计图解中,并不能(可能也不需要)在现场看到。"线"也不再是只强调对称关系的轴线,而是依据功能和形态各不相同,它们包括:由南北向穿越公园的运河道和偏于公园北侧的东西向廊道构成的两条模拟正交"坐标"的主通道,供大量人流通过;穿越和连接各个主题花园的一条曲折小径,这是公园漫步者的最佳选择——这两套流线系统在多处穿插交错。"面"也不再由点、线控制或分割而成,而是为不同活动内容设置的场地;根据公园的计划,有一些是原有建筑的保留,有一些是重新的划分,其中包括两块几何状的场地——圆形草坪和三角草坪——它们均在不同程度上与上述网格矩阵和主要通路相互跨越和穿插。

与凡尔赛花园不同,拉·维莱特公园的空间组织关系是通过一组分层叠加的轴测图解来表示的(图6-15)。在这里,"点–线–面"等基本组织要素构成不同的层面,分别对应于不同的具体功能,形成不同的系统。这些系统各自都有所限定:或几何性,或功能性,或场地性,都有着自身的

图 6-14　凡尔赛花园,黑白图底平面(左)

图 6-15　拉·维莱特公园,分层轴测(右)

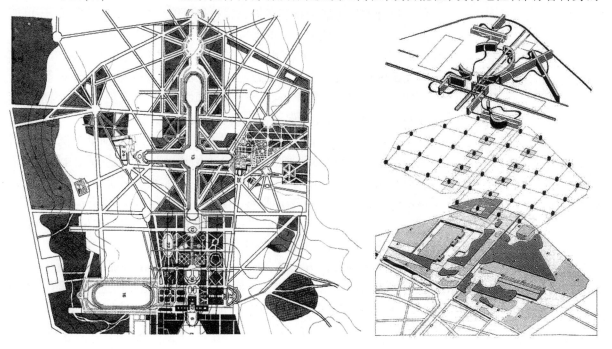

逻辑,体现出一种"自律性"（autonomy）。而在不同的几何系统、不同的限定因素和不同的层面之间则是一种松弛的关系:相互交错、穿插、层叠而非吻合或对应。这里也没有所谓的层次之分,不存在一个整体意义上统一的形式系统,其背景也不再是均质统一的自然空间,而是异质性和混杂性纷呈的城市边缘空间。

在此,可以对两个园的空间设计要素与机制比较作一个简要的分析,比较如下:

	背　景			基本要素			组织关系	表达方式
	时间	地点	人物	点	线	面		
凡尔赛花园	17~18世纪	自然郊外	王室;上层社会	中心	轴线直线	几何形	统一层次	黑白图底平面
拉·维莱特公园	20世纪80~90年代	城乡边缘	平民;中、低收入者	点阵	各种线形直线曲线	各种形状	分离层叠	色彩分层轴测

八、两类机制与两类空间设计操作

1. "强-弱"机制与空间设计

（1）由确定事物出发的空间设计

前述学院派大师于连·加代曾说过:"构图就是去利用已知事物"。这表明了一种经典的设计态度,尽管设计过程会有预想不到的因素,但设计可以从已知的、明确的要素或线索出发,以此为基础,去进行创造。

在具体设计中,各种因素影响的程度及其所占的比重总是各不相同的。这种差异可能来自于场地,材料,也可能来自于任务的要求,还可能来自于业主与设计师个人的态度和偏好。在这些差异中,某些重要因素的影响被提取出来,并反映在相应的空间形式上,即可产生最初一些相对明确的操作要素。这些大致确定下来的操作要素或为形体对象,或为结构关系,以此为基础,继续进行调整和修正,并引入更多其他因素及其相互关系的讨论,逐渐促成一个设计的发展。

在《设计与分析》一书中,以帕拉第奥设计的圆厅别墅为例,来分析场地因素与设计构思:"那个地点令人愉悦,感觉非常快活,因为它位于一座小山丘上……从每一个角落来看,它都能提供最美丽的景致。美景或有限,或延伸,或止于地平线。建筑的四个正面则建有凉廊。"[26]（图6-16）由此可以理解圆厅别墅这一特殊的中心对称形式最初确立的缘由——当然这也正吻合了帕拉第奥理想的几何形式。

在一般的设计方法中,常有"由内而外"与"由外而内"的设计之说,也可视为从不同角度的确定因素（及相关要素）出发而进行的设计。芦原义信在《外部空间设计》一书中,特别区分了"加法空间与减法空间"以及"内部秩序与外部秩序"（图6-17）。诸如现代建筑大师赖特的住宅设计,

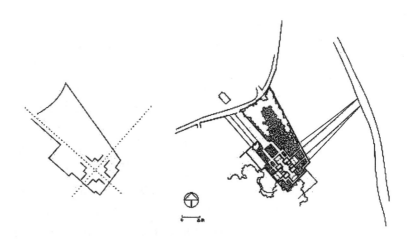

图 6-16　圆厅别墅的场地分析

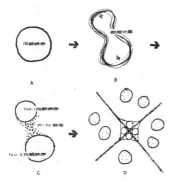

图 6-17　芦原义信：内部秩序
　　　　与外部秩序

被认为更多地体现了一种"由内而外"的设计方式：先是从生活内容出发，确立住宅空间的核心——对于赖特而言，往往是以壁炉作为家庭生活的中心，由此向外延伸各种建筑空间和构件。与此相对照，另一位现代建筑大师柯布西耶的住宅设计，则被认为是更多体现了一种"由外而内"的设计方式：先是从外部城市或环境的出发，确立住宅的外部体量——对于柯布西耶而言，往往是符合他的"纯粹主义"思想的几何形体，由此再考虑内部结构和功能体量的安排。

在荷兰结构主义的探讨中，发展了一种设计方法，即先确定某些基本要素或骨架，而将其他未确定的部分留给未来的发展，由业主自身根据不同时间和场合灵活发展(图 6-18)。这里已涉及空间设计中如何应对确定事物与不确定事物两个不同的方面，而后者正是下文所要继续讨论的。

图 6-18　凡·德布鲁克和巴克
　　　　马（Van den Broek
　　　　and Jaap Bakema)：生
　　　　长住宅设计

（2）针对不确定事物的空间设计

事实上，早在 20 世纪 50 年代至 60 年代，包括"小组十(Team X)"及"结构主义"在内的一批战后成长起来的第二代现代主义建筑师，即对原有现代主义建筑教条中简化了的功能决定论进行了反思，纷纷提出对诸如设计中的灵活性(flexibility)、双重性(duality)、多价性(polyvalence)、模糊性(ambiguity)等问题，由此也展开了对不确定因素的探讨。

对于一般设计操作要素而言，其所采取的形式如何表达出不确定的灵活性，则成为一个重要问题。这一点，对于赫兹伯格来说，则成为形式与使用者之间的相互关系,并提出所谓"形式的空间"(space of form)。在《建筑学教程:设计原理》中,他这样写道:"通过把形式作为一般意义上的结构,形式和使用者之间的关系有可能得以构成";接下来他又提出"形式的适应能力",称之为形式的"权能"(competence),"这里我们关心的是形式的空间,就好似一个乐器为它的演奏者提供的行动自由"[27]。接下来,该书继续讨论"宜人的形式"(inviting form),并在最后一点中提出了"等同性"(equivalence)问题,来表达多重价值,以此与传统的"等级性"(hierarchy)控制相对[28]。

与结构主义所关心的"形式的空间"有所不同,最近日本建筑师妹岛和世在她的设计中体现了一种"柔软的"(soft)不定形的设计策略:在对建筑任务的解读中,一方面去除了"泡泡图"中的连线关系——亦即明确的交通联系和走道关系,另一方面则将各个功能体表现为一系列不定形的、柔软的操作对象,易于感受各种外力影响而进行变形;由此开始空间设计,逐渐将各种因素的影响加诸于这些不定形的、柔软而有弹性的设计对象上,发展并完成整个空间设计(图6-19)。

在《设计与分析》一书中,作者提出了如何"给不确定的事物赋形"的问题,并将它与当前所谓"后现代主义"(postmodernism)的普遍背景联系起来。"过去人们寻找唯一的真理,如今人们已经领悟到,一件事实可以从许多不同的角度来诠释。这一点完全表现在多元的社会里。……建筑计划原本应该是针对未来建筑物的使用作预言,如今这种价值似乎正在慢慢消失。任何一个单一固定的建筑体系都令人厌恶,取而代之的是变化性、多样性、策略性等字眼。"[29]

接下来,该书以20世纪80年代巴黎拉·维莱特公园的设计竞赛为例,列举了两种应对策略:其一是前述屈米的设计方案,以三个相互层叠的建筑系统来进行组织;其二则是荷兰建筑师雷姆·库哈斯的方案,将整个复杂的结构分成三条纵长的区块(图6-20)——这种区块划分方法(zoning)也被认为是受到荷兰结构主义之后发展起来的"建筑基金研究会"(SAR)的影响,后者在20世纪60年代至70年代发展出都市区域划分的原则[30]。这里已涉及不同系统或区块间的相互关系问题,这将在下一小节中继续讨论。

2. "紧-松"机制与空间设计

(1)统一的形式控制

统一的形式控制无疑表达了某种"紧密型机制"和"单一性"的空间:诸如上述笛卡儿坐标、空间网格以及各类几何系统等;与此相关有包括抽象空间、连续空间、通用空间等概念,以及"有机的"空间组织方式等。文丘里在应对矛盾性与复杂性问题时所提出的"适应矛盾"以及"双重功能要素"等,也表明了类似的操作。

这些概念和方法在经典建筑学的传统(包括从学院派到现代主义)中占据着重要的地位。诸如有关"图-底"关系的统一,以及空间深度和层

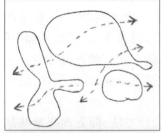

图6-19 妹岛和世:鬼石町多功能设施

图6-20 库哈斯:拉·维莱特公园竞赛方案

次的追求等,都可以看到这一影响。在米歇尔的建筑语言研究中,援引迪朗的设计方法,对一种"自上而下"(top-down)的设计过程作了三段式说明——网格印迹(gridded footprint)-房间布局(room layout)-构件涂黑(*poché*),很好地反映了这一操作方法(图6-21)[31]。

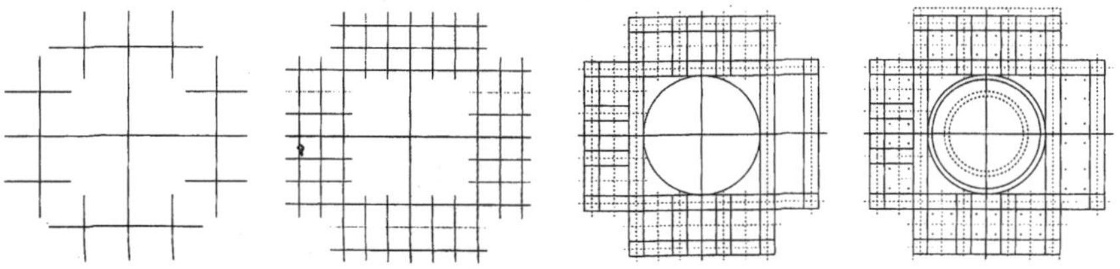

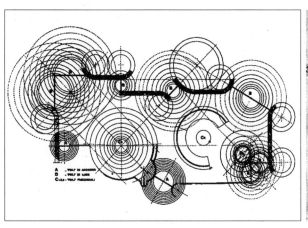

图 6-21 米歇尔:"自上而下"的过程和方法 (以迪朗为例)

前述舒尔兹的存在建筑空间研究,在否定抽象的形式空间基础之后,仍然试图创立某种统一的人类空间图式。在解释建筑空间诸要素的相互作用时,舒尔兹借助自然科学和社会心理学的方法,采用统一的"场"(field)的概念,以表述"相互作用的诸力体系"[32],并以波特盖西与吉里的设计为例来说明(图6-22)。与此相似的是,在城市设计研究中,前述培根提出的"同时运动诸系统",试图解决新技术发展所带来的新的矛盾问题(以车行与人行的感知分裂为例)——在这种探讨中,虽然借鉴了立体主义绘画以来发展的"同时性"的空间概念,但其目标仍然是要"产生一个有机的内聚整体的印象"。

在这种统一的形式控制中,如何兼顾和协调不同因素的影响成为一个重要问题。诸如前述"由内而外"与"由外而内"等不同的设计出发点,以及局部因素与整体因素的矛盾等,最终都往往均需要表现在一个完整统一的形体对象(要素)上。对此,文丘里再度提起西方学院派设计中的"涂黑"(*poché*)方法,用以解释他所称的"复杂性和矛盾性"[33]。柯林·罗在《拼贴城市》中,更将"涂黑"作为解决城市图底肌理中双重矛盾关系的一种方法(图6-23)[34]。而赫斯里在 20 世纪 80 年代为《透明性》一文所加的附录最后,也提出"涂黑"的问题,认为它粘合了个别的局部之间及局部与整体之间的关系,如同"透明性"同时以多个不同系统为参照那样,它们以相互反转的方式解决了同样的问题[35](图6-24)。但正是在这里,本

图 6-22 波特盖西与吉里:波波尼奇住宅(左)

图 6-23 罗马,伯格斯府邸(右)

书也将指出两者的差异：尽管同样解决了问题，但两者所采取的不同方式却表达了不同的空间关系。"涂黑"是通过形体的处理，将多种矛盾加诸于同一要素（形体），采用了一种"紧密型"的操作机制，反映了某种单一性的空间关系；而"透明"则是将多种矛盾加诸于不同的要素（系统）上，采用了一种"松弛型"的操作机制，反映了某种多重性的空间关系，这正是下文所要另外讨论的。

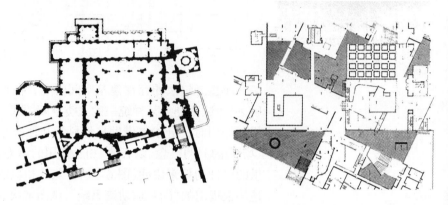

图 6-24　赫斯里：涂黑（左）
　　　　　与透明（右）

（2）离散的形体

离散的形体体现了某种"松弛型机制"和"多重性"的空间。它否认统一的整体空间关系，打破形体的完整性和统一性，产生出多个分散的形体，彼此之间自相独立，而未必有统一的联系。文丘里在应对矛盾性与复杂性问题时所提出的"矛盾并存"中不同的构件（要素）毗邻的方法，即表明了类似的操作。

"将事物破碎成各个完全孤立的要素，并以此获得一种模糊性"。在海杜克的这段陈述中，也多少表明了这一类空间设计方法，并将它视为某种美国式的现象学。

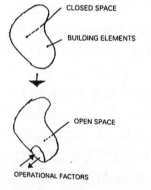

而同样被认为具有某种现象学气质的日本建筑家原广司，则先后提出"有孔体"（Yukotai）和"离散城市"（discrete city）等设计理论，明确表明一种根植于个别建筑体的自律性的设计态度，抵制所谓自上而下的统一的整体和层次（等级）的控制（图 6-25）。原广司的理论与他早期的聚落调查研究有关，历史上很多原始的建筑群落即呈现这一特征，在调查了世界各地的聚落之后，他最终放弃了寻求某种统一的结构或模式的企图。

（3）层叠的结构

与上一种方式相比，层叠的结构可视为从另一角度体现了"松弛型机制"和"多重性"的空间。它否认统一的整体空间关系，拒绝结构的唯一性和统一性，而产生出多"层"空间结构，彼此之间相互独立，没有必然的联系，只有偶发的交叉或碰撞。文丘里在应对矛盾性与复杂性问题时所提出的"矛盾并存"中"重叠"的方法，即表明了类似的操作。

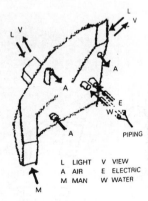

图 6-25　原广司："有孔体"建筑

与上述美国式的模糊性相对比，海杜克同时指出的欧洲式的模糊性来自于"系统之间的交织"（interlocking and meshing of systems），也表明

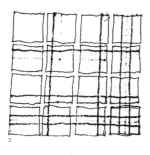

图 6-26 埃森曼:住宅 Ⅵ

了这一类空间设计方法[36]。

这类方法在罗和斯拉茨基的"透明性"研究中,进行了深入的阐述。从对莱热的绘画和柯布西耶的建筑的分析中,他们提出所谓"现象的透明性",指出在某种二维平面或正面性中所隐含的多重空间分层层叠的现象,从而产生多种参照系统和各种模糊性的解读的可能。

这种"多层结构"无疑是对现代主义统一的中性网格形式的批判。早在 20 世纪 70 年代至 80 年代,埃森曼将"九宫格"框架作为动态操作对象并进而引入多重网格;以及屈米对统一结构的质疑(dis-structuring)[37]等,都已从不同角度对此作出了探索(图 6-26)。

注 释:

1 今天,城市-景观-建筑在不同层次和尺度上的差异和互动关系,已对传统建筑学的发展形成了新的机遇和挑战。本篇有关不同操作机制的探讨希望可以帮助理解、区分乃至转化这种差异——尽管由于目前写作范围和研究能力所限,还未能展开深入探讨。

2 该部分是在上篇内容的基础上,对其中有关空间设计中的机制问题所作的一个简略回顾。

3 Howard Robertson, *Architectural Composition* (London: The Architectural Press, 1924), 106–117.

4 [美]罗伯特·文丘里著;周卜颐译.建筑的复杂性与矛盾性.北京:中国建筑工业出版社,1991:1.

5 [荷]伯纳德·卢本等著;林尹星译.设计与分析.天津:天津大学出版社,2003:81.

6 Colin Rowe, *The Mathematics of the Ideal Villa and Other Essays* (Cambridge, Mass.: The MIT Press, 1976), 4–6.

7 William J. Mitchell, *The Logic of Architecture: design, computation, and cognition* (Cambridge, Mass.: The MIT Press, 1990), 236–237.

8 William J. Mitchell, *The Logic of Architecture: design, computation, and cognition* (Cambridge, Mass.: The MIT Press, 1990), 236–237.

9 Christopher Alexander, *Goodness of Fit*.见[美]杰伊.M.斯坦,肯特.F.斯普雷克尔迈耶编;王群等译.建筑经典读本.北京:中国水利水电出版社,知识产权出版社,2004:353–362.

10 详见本文下篇第二节的讨论。

11 [荷]赫曼·赫兹伯格著;刘大馨,古红缨译.建筑学教程 2:空间与建筑师.天津:天津大学出版社,2003:14.

12 [挪威]诺伯格-舒尔兹著;尹培桐译.存在·空间·建筑.北京:中国建筑工业出版社,1984:140,144.

13 Yukio Futagawa, ed., *GA Architect 13: Hiroshi Hara* (Tokyo: A.D.A. Edita, 1993), 34.

14 Bill Hillier, *Space is the Machine: a configurational theory of architecture* (London: Cambridge University Press, 1996), 108–109.

15 Pierre von Meiss, *Elements of Architecture: From Form to Place*, trans. Katherine Henault (New York: Van Nostrand Reinhold, 1990), 3–5.

16 参见:Simon Unwin, *Analysing Architecture* (London: Routledge, 2nd edition, 2003), 51–52.

17 [美]罗伯特·文丘里著;周卜颐译.建筑的复杂性与矛盾性.北京:中国建筑工业出版社,1991:22.

18　Bruno Zevi, *Listing as Design Methodology and Asymmetry and Dissonance.* 见：[美]杰伊.M.斯坦，肯特.F.斯普雷克尔迈耶编；王群等译.建筑经典读本.北京：中国水利水电出版社，知识产权出版社，2004：141-153.

19　Colin Rowe and Robert Slutzky, *Transparency*, with a Commentary by Bern Hoesli and an Intro. by Werner Oechslin, trans. Jori Walker（Basel；Boston；Berlin：Birkhäuser, 1997），90-95.

20　[美]罗伯特·文丘里著；周卜颐译.建筑的复杂性与矛盾性.北京：中国建筑工业出版社，1991：42.

21　[美]罗伯特·文丘里著；周卜颐译.建筑的复杂性与矛盾性.北京：中国建筑工业出版社，1991：44.

22　参见：多木浩二.伊东丰雄访谈录.见：马卫东，白德龙主编.建筑素描：伊东丰雄专辑.宁波：宁波出版社，2006：6.

23　该部分的具体比较，可见于笔者的论文：朱雷.从凡尔赛到拉·维莱特——试析两个园的空间构成与巴黎城市的双重脉络.新建筑，2007(01).

24　Bernard Tschumi, *An Urban Park for the 21st. Century, in Paris 1979-1989*, coordinated by Sabine Fachard, trans. Bert McClure（New York：Rizzoli International Publications, 1988），134.

25　法文中原文为"folly"，按字面解释如下：城堡，庙宇之类的建筑形式，用来满足奇想或夸耀，通常喜欢标新立异。设计者在这里将其处理为由一定模数控制的几何构筑物，并被冀于某种建筑学的厚望，希望由此对公园空间的结构组织起到关键作用。

26　Polana, ed., *La Rotona*（Milan：Electa, 1988).见：[荷]伯纳德·卢本等著；林尹星译.设计与分析.天津：天津大学出版社，2003：163.

27　[荷]赫曼·赫兹伯格著；仲德崑译.建筑学教程：设计原理.天津：天津大学出版社，2003：150.
　　这里所用的"权能"一词来自于结构主义理论家乔姆斯基的概念，与另一个概念"表现"（performance）相对，用于重新理解"语言"与"讲话"这两个术语。可另参见：[荷]赫曼·赫兹伯格著；仲德崑译.建筑学教程：设计原理.天津：天津大学出版社，2003：93.

28　[荷]赫曼·赫兹伯格著；仲德崑译.建筑学教程：设计原理.天津：天津大学出版社，2003：246,252.

29　Bernard Leupen & etc., *Design and Analysis*（New York：Van Nostrand Reinhld, 1997），62.

30　Bernard Leupen & etc., *Design and Analysis*（New York：Van Nostrand Reinhld, 1997），64.

31　William J. Mitchell, *The Logic of Architecture：design, computation, and cognition*（Cambridge, Mass.：The MIT Press, 1990），232-233.

32　[挪威]诺伯格-舒尔兹著；尹培桐译.存在·空间·建筑.北京：中国建筑工业出版社，1984：85-88.

33　Robert Venturi, *Complexity and Contradiction in Architecture*（New York：The Museum of Modern Art Papers on Architecture Ⅰ, 1966).
　　说明：笔者在中文版的《建筑的复杂性与矛盾性》一书中未能找到明确关于"涂黑"（*poché*）的这段译文，是为遗憾。有关英文资料来源转引自：[美]柯林·罗著；童明译.拼贴城市.北京：中国建筑工业出版社，2003：78.

34　[美]柯林·罗著；童明译.拼贴城市.北京：中国建筑工业出版社，2003：78-79
　　说明：在该书中文翻译中，将"*poché*"译为"门廊"，笔者以为误译。"*poché*"一词原为法文，一般意思为"口袋"，但在学院派的设计中，它已成为一种专用术语，意为将（体量式）空间设计中剩下的部分（常为结构构件和其他辅助体）"涂黑"。在香港中文大学顾大庆先生的相关讲座中，援引东南大学（原南京工学院）已故教授童寯先生根据法文发音和中文意义相配合的翻译，也将该词称为"破碎"。

35. Colin Rowe and Robert Slutzky, *Transparency*, with a Commentary by Bern Hoesli and an Intro. by Werner Oechslin, trans. Jori Walker (Basel; Boston; Berlin: Birkhäuser, 1997), 118–119.

36. John Hejduk, *Mask of Medusa* (New York: Rizzoli International Publications, Inc., 1985), 67.

37. Bernard Tschumi, *Disjuunction*, Perspect 23 (New York: Rizzoli International Publication, Inc., 1987), 112.

下篇 空间操作练习

　　本篇从教学实践的角度讨论建筑空间设计,与前述空间操作模式以及空间操作要素和机制的分析相对照。这既可视为一种应用和检验,也可视为一种反思和促动。

　　具体讨论以笔者近年在东南大学建筑学院主持的建筑设计入门课程(二年级)为例[1]。该课程在一段时间以来,明确了以空间为主线进行教学设置和组织:在几个主要设计练习的教学流程中,由浅入深分别设置了单一形体与空间、单元空间组织以及综合空间等基本类型。与形体和空间的主线相配合的,则是场地-功能-材料/结构等三条具体线索,它们构成了建筑得以成立的基本条件,也为教学中探讨建筑空间形式问题提供了一个基本的框架[2]。

　　对各个练习的具体讨论,分别从下述几点展开:

　　(1)相关理论和先例:这体现了各个题目设置的理论基础和学科传统,并提供重要的参考典例——这往往与空间操作的不同模式有关。

　　(2)课题的设置:这是各个练习题目的核心内容,其中又可分为两个不同方面,一方面是不同因素(或线索)的设置——这方面往往与操作机制相关;另一方面则是具体操作对象(或材料)的设定——这方面往往与操作要素相关。

　　(3)设计操作的过程和方法(工具)的设定:这是具体教学操作的安排,将上述练习题目的设置体现在具体教学的操作过程中,并以不同的设计工具(媒介)表达出来,进行讨论——而后者本身又具有一定的自律性,在具体过程中推动设计的发展。

　　(4)教学案例(学生作业)分析:这不仅是练习成果的展示,也不仅是对课题设置和操作过程的验证和展开。在具体个案发展中发现和提出的问题,也成为继续推进空间设计研究的动力。

第七章 单一形体与空间建构练习

作为一系列空间设计练习的起点，有关单一形体与空间的问题，无疑表明了一种形式主义的空间训练意图。在这种训练中，空间问题通过形体及形体间的相互关系来表达和操作。由此，单一形体与空间可视作为空间设计的基本单位，进而可以组合或分化为更复杂的空间。另一方面，在练习题的具体设置和操作过程中，有关单一形体与空间的问题，又在很大程度上隐含了一种结构性的方式，诸如框架的设定，既暗示了体块式的空间概念，又可直接视为一种空间结构。

这也给该项空间练习带来了一种双重性的操作思路：空间操作的对象可以视作为一种空间形体，而有关具体的功能和结构的问题则可表达为来自于这一形体内、外及其自身的各种限定，并由线、面、体等构成最终的形体；另一方面，空间操作的对象也可视作为空间结构本身，而有关具体的功能和结构问题则表达为各个结构性要素（系统）及其相互之间的区分和联系（合并），并最终组成在一个统一的空间网格中——在这里，结构自身成为设计的出发点，是与形体相并列的另一种操作方式。在这样一种假定下，有关单一形体与空间的要素构成，也可有两方面的理解。一方面，各个要素可视为对单一形体的分解，表现为一系列建筑构件的构成，可获得空间的连续和流动，诸如凡·杜斯堡的"空间构成"；另一方面，不同要素又可视为对单一形体的分层解析，表现为多重建筑系统的组织（诸如框架–双层表皮–内核等），可获得空间的透明和层叠，诸如柯布西耶的"新建筑五点"。

最后，需要指出的是：在形体或结构设置之外，近年来的教学越来越多地引入一些具体因素，诸如材料结构、功能使用与体验等问题，从而将抽象空间形式的讨论与具体的建筑问题结合起来，两者相互促动，避免陷入单纯的形式游戏。

一、相关原理和先例："多米诺"与"雪铁龙"–"空间构成"–"九宫格"–"方盒子"–"装配部件"

有关单一形体的问题，很大程度上受到现代主义的"立方体盒子"（cube）的影响。它关注于建筑几何体量自身的空间形式，而去除了装饰等附加因素。虽然对纯粹几何体量的追求更早可追溯到新古典主义时期；但在现代建筑的意义上，较早应用方盒子的先例是建筑师路斯。这一做法后来在柯布西耶那里继续得到了发展，他于20世纪20年代提出的"多米诺"和"雪铁龙"（Citrohan）住宅（图7–1），作为某种基本的"对象–类型"(object-type)。在"雪铁龙"住宅的设计中,柯布西耶首次做出了他的典型的夹层式的双层生活空间,"光源的简化;每端一个开间,两面横向承重墙;一个平屋顶;一个可以用作住房的真正方盒子。"³它反映了现代技术和艺术概念的结合,既符合工业化生产的需要,也反映出某种"塑性的"(plastic)抽象形式空间的追求。

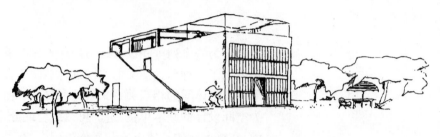

图 7–1　柯布西耶:"雪铁龙"住宅

　　对于现代建筑来说,除了表达简洁、规则的几何形式控制,方盒子问题的重要性还在于它在简单形体中所蕴涵的形式空间的丰富性。这种丰富性在现代建筑空间设计的两个基本图式中得到了很好地表达。其一是柯布西耶的多米诺(Dom-ino)框架结构,以及由此带来的一系列空间设计的变化:以框架的形式支撑起基本的形体和空间单元,结构支撑和空间限定得以的相互分离,出现了自由平面和自由立面的概念(图 7-2)。相关实例可见于柯布西耶在"构图四则"中所举的四栋住宅。其二则是风格派凡·杜斯堡的 "空间构成":它基本上是一种 "反立方体盒子"(an-ti-cubic)的 ⁴,没有了体块的概念,而将限定立方体盒子的六个面相互分离,成为在三维空间的各个方向上,相对自由穿插的水平面和垂直面(但同时也还要起到结构作用),出现了连续的空间流动,并在某种程度上打破了形体内外的空间划分。相关实例可见于赖特早年设计的草原住宅以及风格派建筑师里特维尔德设计的施罗德住宅(图 7-3)。

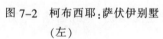
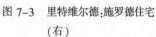

图 7–2　柯布西耶:萨伏伊别墅
　　　　(左)

图 7–3　里特维尔德:施罗德住宅
　　　　(右)

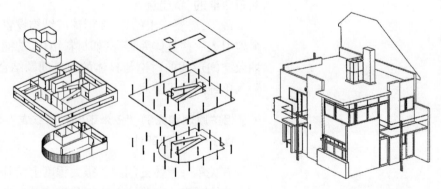

　　从形式空间设计的角度对上述现代主义空间设计的基本方法做出回顾和总结,并将其运用于教学实践的,则是 20 世纪 50 年代得州骑警的"九宫格"练习(nine-square problem)。它在教学中,首次采取预设的框架和形体要素(水平面和垂直面),将上述两个现代建筑的基本空间设计

模式设置在了一个设计练习中，并由此开创了一种被称为"装配部件"（kit of parts）式的空间设计和教学模式。

与这种训练相应的，则是以密斯为代表的一系列建筑空间设计实例。包括巴塞罗那博览会德国馆，范斯沃斯住宅等（图7-4）。而由密斯的学生菲利普·约翰逊（Philip Johnson）设计的玻璃住宅，则在方形的玻璃盒子（钢框架）里引入了圆形的砖制实体要素（图7-5）。

图7-4　密斯：范斯沃斯住宅（左）

图7-5　约翰逊：玻璃住宅（右）

在"九宫格"之后，它的主要创始人海杜克又设置了"方盒子"（cube）练习，将九宫格的问题由平面推向三维。在解释"方盒子"练习时，海杜克一语道破其形式主义训练的企图，即先有形式的概念，再启发功能[5]。在有关方盒子的设计研究中，二维平面和三维空间的转换问题被进一步提了出来，为此，海杜克特别发展出一系列"菱形住宅"（diamond）设计，将边框旋转了45度，而内部保持正交体系不变。

在随后的影响中，以"九宫格"为代表的练习在世界范围内传播开来，但在一般的理解中，它越来越趋向于一种抽象的形式空间训练，这种训练，如果缺乏新的发展以及相关艺术方面研究的配合，则会流于简化，并且流露出过于抽象的一面。在这种发展中，海杜克本人到库柏联盟后转向了一种叙事的方式。而赫斯里在苏黎世瑞士联邦高等工科大学（ETH）的教学，则继续发展了他的"建筑设计基础教学"（Grundkurs），形成所谓的"苏黎世模式"（Zurich Model）[6]。一定程度上受瑞士苏黎世联邦高等工科大学的影响，近年来，在香港中文大学建筑系教师顾大庆和维托指导的"建构工作室"中，通过模型的操作，以杆-板-块为基本要素，研究其操作和生成过程，继续发展了一种形式空间的建构教学[7]。与这些相对照的，则是艾森曼的一系列建筑形式研究，也是以九宫格为基础，但排除了形式与功能的特定关联，而走向形式本身的操作和转化。最近，蒂姆西·拉夫（Timothy Love）在当前美国建筑教育的普遍背景中，对由"九宫格"练习所代表的"装配部件"的设计思想进行了重新回顾，提出"做中学"（learning by making）以及"叙事"（narrative）两种新的趋向，在某些方面弥补了"装配部件"趋于抽象化方面的不足；并希望在这种情况下，继续发挥"装配部件"的意义，以提供一个基础的讨论平台，并利用其操作性的意义，将其与各种具体问题的讨论联系起来[8]。

二、相关因素的设置与操作机制

在单一形体与空间练习中,建筑规模和各种限定条件均作了一定的简化,但也考虑有关建筑空间问题的一些基本因素:除了抽象的空间形式之外,还涉及场地、功能、材料(结构)这三个主要因素。这些均是具体建筑空间得以成立之必不可少因素,在不同的情况下,它们对空间形式发挥着各自不同的影响,其程度则或强或弱,既是对空间形式的具体限定,也为实际的空间操作提供有益的线索。在近年来的课题中,考虑到前述抽象空间练习的利弊,更多地引入了材料设置,使有关结构与空间的问题成为该课题的重点,即所谓"空间建构"。

1. 场地因素:景观与街道

场地因素可视为有关单一形体与空间练习的外部限定或操作线索。

该项练习最初采用的是临水的场地(景观限定),空间框架(体块)相对独立地位于开阔的景观中,场地因素被尽可能地简化和弱化,以突出抽象的形式和体块,水则成为一种理想的虚化的背景。

其后,则转用一侧临街一侧临河的场地,加强了场地和环境的因素的限定,也更为具体。街道和河道从一前一后两个方向限定了场地。空间框架(体块)也采用较为紧凑的并联方法,从而加强了彼此之间的相互限定。在框架(体块)内部,则穿插了不同位置的树木,作为一项特殊的环境要素。这种情况下,场地限定比较紧凑,也更为明确。不过,建筑框架(体块)相互之间以密排的并联式为主,结构(框架)的独立性及其与空间设计的相互关系等问题,不容易体现。

在最近的课题中,进一步改进了场地因素的设定,采取小组合作的互动方式,由若干学生组成一组,在公园景观绿地上摆放一组大小相同但相互独立的功能体量,以形成各种具体的场地环境,作为各个单体设计的外部条件和线索[9]。

2. 功能因素:茶室与度假屋

相对于场地因素,功能因素可视为有关单一形体与空间练习的内部限定或操作线索。

与场地因素的限定相类似,不同功能设置对空间的限定也可强可弱,或普遍(通用)或具体(特殊),有着不同的弹性。所采用的功能设置主要有:茶室、度假屋、展室、工作室、游船码头(仅限于临水的场地),以及各类小店铺(仅限于临街的场地)和服务设施等。

在茶室的题目中,具体的功能限定在很大程度上被弱化了,而代之以一些基本要素的设置:诸如"水平面"(夹层),"辅助体块"和"桥"等。空间构成与具体功能的关系相对较为松弛。在这种情况下,更要鼓励学生对环境地现场调查和体验,以形成特定的构思或想法。

在度假屋的题目中,具体的功能限定则比较强,需要满足一些居住空间的最基本要求：诸如适当的私密性和分区等。上述的"水平面"（夹层），"辅助体块"和"桥"等要素则需参加到这种功能组织中，抽象的空间构成与具体的功能使用的关系较为紧密。

3. 材料/建构因素：木构等

从结构的角度看，可区分两类体系：框架与墙板。其中框架与空间限定的关系是相对松弛的，结构和围护构件可相对分离和独立；而墙板与空间限定的关系是相对紧密的，结构构件和空间围护构件合二为一。

在以往的练习中，大多参照"九宫格"练习，采用预设框架作为结构（局部允许使用部分自承重墙体）。在这种情况下，结构设计本身的问题被弱化了，结构承重与空间围合两类关系区分开来。

在近年来的练习中，取消了这种结构的预设，在规定的形体中，需要考虑基本的结构设计，以及更为重要的结构与空间的相互关系——这成为该练习的核心问题。

从材料的角度看，不同材料的构造和表现是不同的，主要可区分为"干"/"湿"两类作业方式。在木构的情况下，各个构件和构件之间的构造能够被清楚地表达和理解，其节点形式较为多样，空间框架及围护在这个层次上被分解成各个构件的不同组合，以体现所谓的"建构"形式。在钢筋混凝土材料的情况下，一般采用的整体浇铸方法，大为统一和简化了构件之间的交接及其表达，空间框架的表达也更加趋于抽象化，便于体现所谓的"塑性"形式。近年来的教学，在"结构–空间"这一核心问题的前提下，采取了木构的设置，突出了结构以及构造等"建构"的逻辑及表现。

三、操作材料与要素的设定

该项练习预设了一些基本操作要素。练习伊始，学生首先面对的是一些给定的要素，并在规定的网格模数中操作。这种预设要素的方法来自于"九宫格"和"装配部件"的影响。预设的要素，在很大程度上源自于现代建筑空间的一些重要概念和实例。它们一方面可视为抽象空间构成中的各种形式要素；另一方面，又反映了具体建筑所涉及的各种物质性的和功能性的因素。

1. 体块与框架

单一形体与空间的设定反映为预先设定的体块或框架。

首先，体块或框架都可看做为一种抽象的空间（形式）结构，与三维空间的几何网格结合，成为控制"单一形体与空间"整体形式的主要因素。体块的比例或框架的网格模数体现出有关空间的均质性和方向性问题。常用的体块为高6米、宽6米、长18米的长方体，所限定的是一种长向的可容纳双层平面的矩形空间，并区分出"纵"（长度/开间），"横"（宽度/进深）两个明显不同的方向。对框架模数进一步的观察和分析则可发现一系列的数字（比例）关系，视具体练习的设置情况而不同，最常用

图 7-6　体块、框架与网格(左:框架平面;右:框架剖面)

的一类关系为:1,3,4,12(图 7-6)。

另一方面，从具体建筑构件的构成来看。体块的设定可通过实块(体)来占据;也可以通过板片(面)来围合;还可以通过杆件(线)来限定——而最后一种情况,也可直接表现为框架的设定。框架的设定,既暗示了基本的空间体量,同时也给出了基本的支撑结构。这种结构形式,使建筑的结构构件与围护构件得以相互分离,各自独立。以此回应柯布西耶提出的"多米诺"体系,它是理解现代建筑空间的一个重要图式,它的应用并可引向有关"自由立面"和"自由平面"等一系列概念。

2. 垂直面+水平面

对于单一形体与空间练习来说,体量内部的划分是可以尽量开敞的,除却杆件的限定和少量的辅助体块,面的构成仍然是空间限定的主要的手段。这些面的关系首先可以理解为一种抽象的空间形式,由相互成垂直关系的垂直面和水平面,在三维空间中(垂直面:xz 轴平面、yz 轴平面+ 水平面:xy 轴平面),自由组合而成。这一构想可见于 20 世纪初风格派的代表人物凡·杜斯堡提出的"空间构成",它成为理解现代建筑空间的另一个重要图式,打破了传统建筑中封闭的"盒子",体现了现代建筑中"连续空间"的概念。

另一方面,在具体的建筑中:水平面往往是承载(或覆盖)人的各项活动(功能)的区域,并且要将所承载的重力通过自身的弯矩传递给框架或墙板,形成一个完整的结构体系;垂直面则承担着一般的围护功能(流线、视线和光线),可以与框架有或直接或间接的联系,也可以同时是独立承重的墙体。在这里,构成空间围护的这些"面"与结构之间的关系,是该项练习中的一个关键性问题。

在近年来的练习中:一些新的概念,诸如"外皮"、"折叠"等,对面的形式操作产生了一定影响。各个方向的面可以连接起来,成为在空间中连续转折的完整的面。这种连续性的考虑,在某种程度上加强了整体的结构关系,而不仅仅是局部的形体穿插。与此同时,练习的设置有意识逐步增强了具体功能性的概念,以此来讨论和发展空间构成,避免完全抽象的形式游戏。

3. 辅助体块

辅助体块是该项练习的另一个给定要素。在较为开敞的单一形体与空间构成中，通过辅助体块的设置，来解决一些必要的或不得已的封闭性的功能（如厕所、储藏等）。密斯的作品中多处出现的服务核心，是采用这种方法的一个重要例证。

另一方面，在解决实际功能的同时，辅助体块同时也可看做为一种抽象的形体要素，参与空间构成中，在诸如围合、引导、聚焦、偏离等不同的空间关系中发挥作用。这方面的实例又可见于路易斯·康的"服务空间"：既有具体的功能性，又是空间限度中至关重要的形式要素。

4. 其他要素

（1）桥

在较空旷的临水场地中，通过桥的设置解决独立的框架与相对开阔的场地环境之间的交通联系，并由此引发了空间中的运动。有关该要素的进一步引申则可参见柯布西耶的建筑的"动线"或称"漫步建筑"（promenade architecture）[10]。

在形式上，架空的桥同时凸显出自身的导向性和框架的独立性。另一方面，在具体操作中的一个重要问题是：在三维空间网格模数的限定下，桥可以在不同的平面位置和剖面高度上插入框架，这一点又与前面所讨论的框架模数的均质性、方向性以及数字关系等具有敏感的关联。

（2）树

在较紧密的临街场地中，设置若干需要保留的树木，从而在较为密集的并联空间框架（体块）中引入了自然环境因素。从较广泛的意义上看，这个练习中的树木也可看做为某一类特殊的空间构成要素。

5. 网格和模数

该练习中，上述要素的设置及操作均由一个统一的网格和模数控制。这是一个经典的笛卡儿式的三维正交的坐标体系，将各种要素及其变换都纳入一个均质、统一的空间关系中（图7-6）。

整体网格的模数设置考虑到具体的功能使用。主要空间块或框架一般采用1.5米或1米的模数，也可进一步细化为0.5米或0.6米的模数，以方便地安排各种功能活动。

具体构件的尺寸则由结构受力和材料构造两方面决定，它反映了相对微观层次上的另一种模数。在这个层次上，具体构件与上述的抽象网格之间，则因构件的尺寸而有不同的对位关系——包括中心对位和边缘对位等，产生出一定范围内偏移的可能性。

在具体的教学过程中，上述三维正交的坐标/网格体系，一般起到控制性作用，但这种作用也可视作为参照性的——在这种参照下，还可能出现一些诸如"正交-旋转"或"直-曲"等不同（网格）体系之间的对话，从而为该项空间练习引入新的操作线索和思路。

四、设计操作过程和方法

在练习过程中,上述各种相关影响因素和设定要素被组织在一个阶段化的教学过程中,分步骤地依次显现和深入[11]。

与这种分阶段的过程相伴随的,是一种模型化的操作方法,以使学生尽可能迅速、直观地进行三维空间的操作。在这种模型化的方法中,各种设定要素和框架均体现为不同的"模型材料"[12](图7-7)。在不同的阶段,使用不同的模型材料和比例,进行操作。包括从抽象的空间体块出发的"体块模型",而后进入到"结构-空间模型",以及在一定程度上材质化的"材料-建造模型"[13]。

在此基础上,同时运用图纸(平面和剖面),在二维与三维之间相互参照和比较。

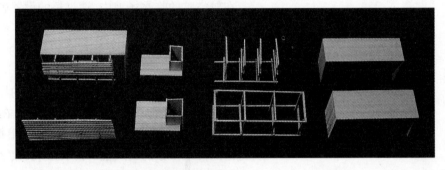

图7-7　分解模型:要素、框架与"模型材料"(林宏杰,2006年)

1. 1/100 场地研究和"体块模型"

对于单一形体与空间练习来说,体块(或框架)是预先给定的一个出发点。体块模型主要是一种形体的控制,一般直接制作 1/100 的体块(或框架)模型,将其在场地模型中进行摆放,以讨论其与相邻建筑体块和环境的关系:包括朝向、景观、采光、交通(入口)等。

在单个体块独立临水的场地中,在这一阶段,学生也开始尝试将"桥"插入框架,以此与场地联系并引发下一步的空间操作。

在成组体块排列或组织的场地中,体块之间已经具有某种简单的组合关系。在小组合作的情况下,任务书提供了正交的模数网格,并要求以一条路径连接各个体块(入口关系)——根据这些线索,学生很快地摆出一组体块关系,以使各个体块具有不同的具体场地条件,进而为下一步设计提供条件和线索(图7-8)。

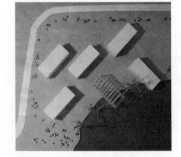

图7-8　场地模型,比例:1/100

2. 1/100"结构-空间模型"研究

对于该项练习来说,主要的设计是从"结构-空间模型"开始的,而上一阶段则可视为练习的假设前提或"准备阶段"。

这一阶段仍然采用 1/100 的模型比例,学生选择卡纸板和木棍等模型材料,在体量和模数的控制下操作模型材料,进行空间设计构思。对于前述给定的操作要素,诸如垂直面、水平面(夹层)以及规定数目的辅助体块(一般超过 2 个),直接以模型材料制作完备,将其相互组合并插入上述体块(或框架)中(图 7-9)。

图 7-9 各阶段模型 (柏涛,2006 年),比例:1/100-1/50-1/20

这一过程往往是该练习的关键阶段:除了考虑一般的空间构成关系外,重要的是要同时考虑空间形式与具体功能(包括结构支撑功能)的关系。在未给定框架结构的情况下,有关结构支撑功能与空间形式的关系则非常关键。在这里,模型操作具有了双重意义。一方面,它可以以一种抽象的空间构成,通过各个面(水平面和垂直面)和体(辅助体块)的操作,学生逐渐体会到有关空间的限定、开放、引导与流动等等关系;另一方面,学生用于操作的各种"模型材料"也可被同时视为缩小比例的各种功能构件,需要考虑人在其中的使用和活动——并且事实上,对于实物模型来说,模型要素本身已经具有一定的物质性并要求具有基本的结构关系,才能将模型搭建。这给空间操作带来了双重线索。根据具体情况,学生也可以选择从抽象的空间形式出发,也可选择从具体的建筑结构或使用开始考虑,但最终都要探讨这两条线索相互关系。这种关系可以在最初的构思中得到反映,也可以在过程中多次往复契合而成,最终发展出各自的方案。

为了帮助在具体操作中捕捉并突出一些重要的关系,学生也可以尝试利用不同的模型材料作为操作要素,以区分或合并不同的"空间 – 结构"关系,最终使设计构思更加清晰 [14]。

3. 1/50"材料–建造模型"研究

在上一阶段,对空间和结构的研究相对还是比较抽象的,模型材料(卡纸板和木棍等)一般用来代表抽象的线-面-体的关系。到这一阶段,学生则要考虑具体的建筑材料,要求做出 1/50 放大比例的实物模型,选择合适的模型材料,尽量准确地表达实际尺寸和构造关系,即将上阶段模型材料所代表的抽象的 "线"(结构框架)–"面"(楼地面和墙壁等)–"体"(封闭性较强的辅助房间)尽可能详细地"构件化"。诸如结构框架可能表达为各个梁、柱的构成和交接,而各个面抽象的虚实关系也要转化为具体的构件排列组织及其分格、开口等等(图 7-9)。

在此之前,学生要重新检视各个构件的结构支撑,明确承重构件和非承重构件,并以不同的材料或尺寸表达。

这种"构件化"的过程并不仅仅是考虑一般结构和构造等技术方面的问题,重要的是要同时保持并继续发展原有抽象空间构成的形式,并用"材质化"的方式将其表现出来。

在这一阶段,根据具体材料的不同,往往还要做出一定比例的局部放大模型,诸如1/20的典型截面或节点模型。继续深入研究材料构造的问题,完整表达外围护–结构–开口等各种构件的组织关系(图7-9)。

4. 建筑图的研究

练习在方案构思阶段主要采用模型的方法。与此配合,在上述各种模型研究的同时,鼓励学生徒手勾画同比例的草图进行表达和推敲,以在图纸和模型之间相互参照、补充和促动。在一般情况下,二维图纸(主要是平面和剖面)的优势在于更精确——并且更抽象地表现了空间形式关系。

在最后阶段,学生主要进行图纸研究。在二维平面上,学生用器绘制一套完整的建筑图,继续深入和推进设计,落实构件尺寸,完成主要家具的布置,并可进行材料和光影的表现研究。近年来的木构练习中,统一采用了铅笔绘制,以单纯的黑白线条表达空间和建构。

五、教学案例分析

1. 形体的构成(临水茶室,设计:蒋梦麟,2002年)(图7-10)

【形式构成】从预设的框架和其他一些基本要素——桥、辅助体块、水平面–垂直面等出发,进行空间构成。1/100和1/50两种比例的模型,反映出阶段性的深入过程,对基本要素的空间构成和形式关系进行研究,由抽象形式到具体构件。在这种形式构成中,同时考虑外部环境和内部使用的一些需要,在内外之间产生了诸如围合–开敞等多种空间关系。

【补充线索】在抽象的空间形式构成之外,具体场地环境和行为使用方面的限定相对比较弱,虽然提供了一些基本线索,但没有具体的深入。预设要素除了框架外,其他要素基本上都是作为独立的构件,相互组织在一起,共同构成一个基本形体。木构的方式,由于已经预设了基本的框架形式,主要工作体现为材料和构造的细节表现。

2. 结构(系统)的组织(临水茶室,设计:许昱歆,2003年)(图7-11)

【要素重组】该作业与前一个作业形成一个显著的对照:除了采用钢筋混凝土框架取代木框架之外,其他预设要素,以及环境和功能线索都非常类似;但在空间设计上,却表现出显著的差异。预设的一些要素(桥、辅助体块,水平面–垂直面等),与框架一起,经过重新组织,形成了一系列诸如"外皮"–"骨架"–"动线"(纵墙、桥和走道)–"上折面"等结构性的体系,相

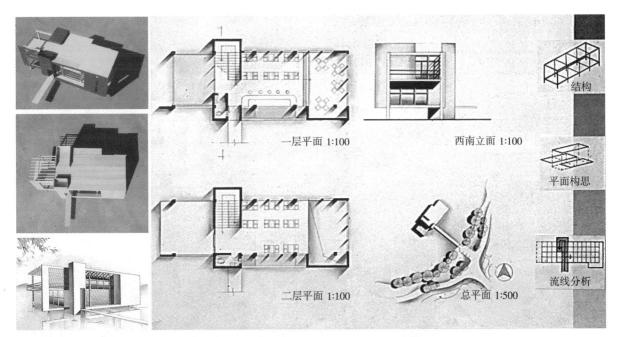

图 7-10　学生作业——临水茶室(蒋梦麟)

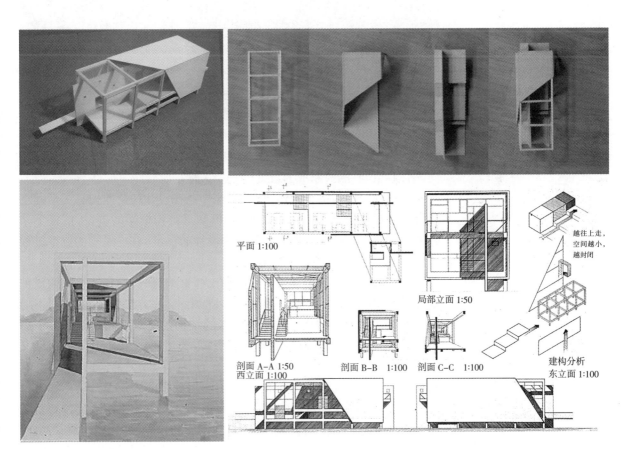

图 7-11　学生作业——临水茶室(许昱歆)

互包裹或穿插,以此对一个简单的"盒子"进行多重性的分解和构成。

【构思线索】该设计在对环境的理解中,突出了远景中高塔的视线关系,由此与"桥"、"纵墙"、走道,以及往上方引导的折面结合,形成最初的方案构思。在这个设计过程中,由一条具体线索和相应体验出发而进行的设想,无疑推进了该方案形式结构的生成,最终将各个独立的"构件"整合为上述一些基本"体系"。

【模型操作】三维实物模型的方法在设计中也产生了显著的影响,最初的一系列小比例模型的分解研究,表示了不同构件和体系的关系。

3. 空间与结构的矛盾与契合(公园度假屋,设计:陈海宁,2006 年)(图 7-12)

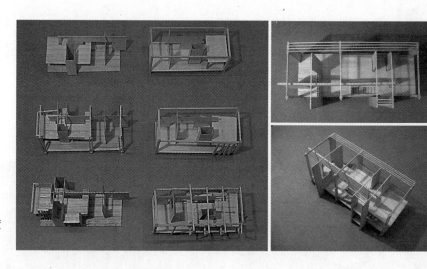

图 7-12　学生作业——公园度假屋(陈海宁)

【预设条件】近年来的练习,与以往不同,没有预设结构框架,这无疑使"结构-空间"的关系成为设计的一个关键。

【设计问题】与第 1 份作业类似,该作业在设计初始即先有了某种空间形式构成的意图(片墙与"开洞"),但缺乏结构框架的预设,使接下来有关空间形式与结构支撑的关系成为设计的重点。在一系列的调整过程中,先后出现了不同的解决方式。

【发展过程】首先是直接引入结构支撑框架,保留原先的空间构成关系,并使其依附于框架之上。在实际过程中,这一方法尽管简便,但不能很好地表达出原有的构思,因为引入的结构已经对空间形式产生了影响,而与原有的空间形式构成产生了矛盾。为了解决这一矛盾,该设计又逐渐转向另一种方式,即重新检视原有的空间构成关系,考虑利用已有的空间限定要素(面)作为一部分结构构件,使空间限定与结构支撑进行有机地整合。在这种过程中,原先的形式构成与结构组织一起重新发展和整合,保留并强化了初始的某些形式构成的构思(如片墙与洞口/窗口的概念),同时考虑使用和环境的因素,并使结构的逻辑参与到空间构成中,进而利用它来推动空间和功能设计的细化和深入。

【结果与评介】最终达成的结果,各个构件都有清晰的空间–结构关系,以此完成整个设计,而摒除了在过程中出现的其他的附加性要素。而由此再进一步,如何在具体的材料构造中继续体现空间形式的意图,则是这个作业有待于深入之处。

4. 木构盒子——空间–结构–构造(公园书屋,设计:张荩予,2006 年)(图 7–13)

【评介】该设计利用了木构建筑的特点,在一个小木构盒子中,将建筑构件与主要家具,结构与构造融为一体,进行空间形式和功能的组织。

【空间构思】设计最初由水平方向上四片平行的墙(亦即书架)构成,由此形成一定的空间划分和流线组织。这四片墙(书架)与顶面相连,又形成了两个盒子,相互错动,穿套在一起。

【木构深化】接下来的研究中,两个盒子的设计及相互关系则成为重点。顺应开始的设计构思,两个盒子采用同样的构件作为书架和梁架。为了达到结构和构造的清晰,所有这些构件在长–宽–高三个方向上都相互错开。在整体空间形式上,两个盒子也分别作为双层空间和单层空间,在长度和宽度方向上相互穿插,形成了夹层、平台、外廊(内含楼梯),以及前后的入口和转折过渡空间。由此,该设计以一种统一而简洁的语言完成了从细部构件到整体框架的所有内容。

图 7–13 学生作业——公园书屋(张荩予)

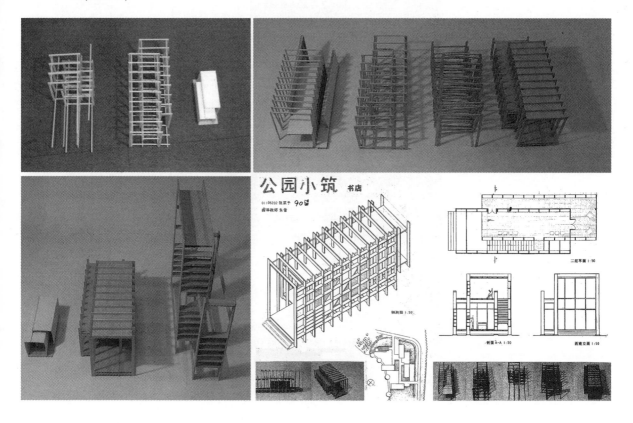

5. 空间与结构的契合（度假屋，设计：吕明扬，2007年）（图7-14）

【**空间构思**】设计的出发点来自于建筑体块和环境的关系，面对湖景开设洞口，围绕洞口布置主要空间，其他外界面则保留半实半虚的状态。

【**结构契合**】根据木构建筑的特点，选用相同截面尺寸的构件组合，形成排架式的结构，并在上述洞口位置内折，以强化空间关系。排架两端开放，侧边结构间距较小，辅以横向木构件共同形成半实半虚的外部界面，横向木构件的疏密和方向变化则暗示着开窗关系。

【**空间发展**】在这样一种空间和结构框架下，该设计强化了洞口的景观，并试图将其引入内部。在屋顶局部接纳天光形成上层的露台；在底层根据服务体块的布置和入口空间层次的需要，将洞口关系进行错位，从而使屋顶天光渗透至底层，形成小的内庭，进一步分化了空间，并与上层露台相呼应。

【**评介**】由此，该设计围绕最初的洞口景观，契合木构的方式，探索了平面和剖面各个方向的可能性，解决了功能分化的需要，重组了要素关系，达成了简洁一致的空间设计。

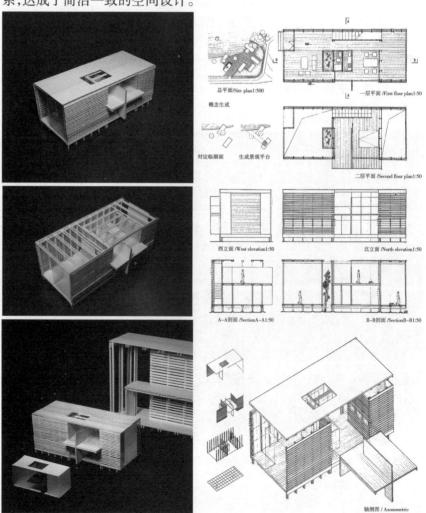

图7-14　学生作业——度假屋
　　　　　（吕明扬）

6. 抽象构成到材料建构（公园度假屋，设计：刘嘉阳，2008 年）（图 7-15）

【空间构思】该设计同样从环境出发开始考虑，面对周围水面，树林和场地入口关系，采用板片式的空间语言进行分隔和引导，并在内部形成一条连续的体验周边不同环境的环状流线。

【结构和材料分化】接下来考虑结构问题，采取框架结构的方式，并使框架与上述板片构件相互脱离，以避免彼此的干扰，进而形成下一层

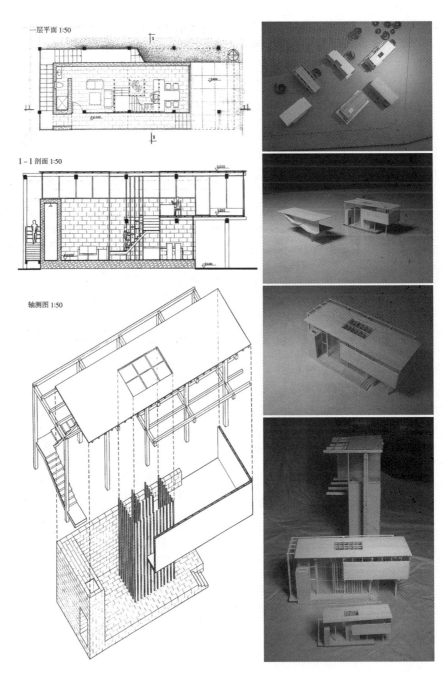

图 7-15　学生作业——度假屋
　　　　　（刘嘉阳）

次的空间。进一步的发展中,结构与板片虽然相互脱离,但在穿越上下层的楼梯空间中,两者之间仍然遭遇了矛盾。这促使结构方案继续分化,要求有独立承重的墙体,由此进一步区分了下层空间和上层空间的结构和材料:下层空间为砌体结构,与原有板片式的空间构思合而为一;上层空间则为木构,其板片式的空间构件悬挂在木构框架上。

【功能发展】砌体结构中暗藏了卫生间,并将其处理成"双墙",以契合原有的空间关系。核心部分增设了室内的垂直楼梯,采用半透明的木构方式,进一步分化了上下层的平面功能,并将半开放的厨房藏于其下。

【评介】由此,该设计从最初抽象的空间构成,发展出具体的功能构件。整个设计过程中,在一个相对简洁的形体限定下,结构材料与空间环境既相互限定又相互促动,共同推动了设计的发展。

注　释:

1　本篇主要以自 2001 年以来至 2011 年间笔者参加二年级的建筑设计课程教学实践的内容为主,以空间设计的三个主要教学题目为例,并以自 2006 年以来为重点,对有关空间设计的具体操作与教学实践进行探讨。

　　在此期间(2001 年至 2011 年),与笔者一起参加二年级教学的教师有:鲍莉、钱祖仁、陈秋光、夏兵、柳翔、孙世界、吴晓、吴锦绣、史新、屠苏南、虞刚、周颖、王正、张慧、雒建利、徐春宁、高源、陈晓扬、杨冬辉、李哲、史永高等。而自 2006 年以来,在当时东南大学建筑系主任龚恺老师的促动下,与香港中文大学建筑系顾大庆老师开展一系列合作教学和研究,对目前的新教案产生了很大影响。

2　这三条线索的设置在一开始很大程度上受到"苏黎世模式"的影响。

　　参见:吉国华."苏黎世模型"——瑞士 ETH-Z 建筑设计基础教学的思路与方法.建筑师,总第 99 期:77–81.

3　转引自:[美]肯尼斯·弗兰姆普敦著;张钦楠等译.现代建筑:一部批判的历史.北京:三联书店,2004:166.

4　参见:Cornelis Van de Ven,*Space in Architecture* (Assen, The Netherlands: Van Gorcum, third revised edition, 1987), 200.

5　John Hejduk and Roger Canon, *Education of an Architect*: *A Point of View, the Cooper Union School of Art & Architecture* (New York: The Monacelli Press, 1999), 121.

6　参见 ETH 教授 H.克莱默编的有关教学小结的资料:H.Kramel, *Basic Design & Design Basic* (Zurich, Switzerland: ETHZ, 1996), 3.

7　顾大庆.空间、建构和设计——建构作为一种设计的工作方法.建筑师,总第 119 期,2006(01):13–21.

8　Timothy Love, *Kit-of-parts Conceptualism*, Harvard Deign Magazine (Fall 2003/Winter 2004), 40–47, 47.

9　这种方法最早得自于进行合作教学的香港中文大学顾大庆教授的建议。

10　也有翻译为"漫游建筑"。而有关柯布西耶建筑中"动线"作为独立的要素问题,可参见本书第五章或参见:[荷]伯纳德·卢本等著;林尹星译.设计与分析.天津:天津大学出版社,2003:51.

11　这种阶段化的教学过程探索了一种结构有序的教学方法:由简入繁,从抽象的形式到具体的建筑。有关结构有序的教学法的探讨,可参见:朱雷、鲍莉.结构有序的教学法探讨(研究计划).武汉:全国建筑教育研讨会,2002.

12　在电脑建模的情况下(以 AUTCAD 为例),这些规定的要素大多可方便地转化成 AUTCAD 模型中的一些 "块"；进而利用程序中的编辑功能对各种 "块"进行操作(主要是各种形态转换和组合)。

13 有关模型阶段的分类,近年来有所反思和变化,原先的思路主要受到"体块模型–结构模型–建筑模型"这一操作模式的影响。该操作模式可参见：丁沃沃. 环境·空间·建构——二年级建筑设计入门教程研究. 建筑师, 总第 90 期：84–88.

14 这里涉及有关结构化的操作方式。在电脑建模的情况下 (以 AUTCAD 为例),这一做法可通过分"层"的方法来实现,进而利用程序中的属性设置功能对不同"层"进行操作(诸如锁定、隐藏、赋色、换层或并层等)。

第八章 单元空间组织练习

　　在单一形体和空间练习之后,是单元空间与形体的组织。它在一方面可视为以单一形体与空间问题为基本单元,进行某种空间叠加和组合(自下而上的设计方法);另一方面,它又具有一种整体空间的形式结构,以此组织或划分空间单元(自上而下的设计方法)。

　　该项练习主要训练空间组织。与此相联系,需要协调考虑功能因素与场地因素,内部空间与外部场地等相互关系;结构的因素则在某种程度上对单元与结构组织形式作出了某种规定,并使各个因素之间的相互关系更为"紧密"。

　　在这种空间的组织中,"单元"和"结构"构成了一对基本的双重性关系。学生要求掌握单元体设计及其重复、排比和簇团等基本方法,同时也理解到单元之间的空间关系,以及单元空间与公共空间之间的关系,最终在不同层次的单元与结构之间建立起整体的空间组织关系。

　　就具体的设计过程而言:可以从单元体设计出发,再将其放入场地进行组织并调整单元设计;也可从整体结构出发,进而根据内部需要调节结构构架划分出不同的单元体;或者单元体和整体结构双线并进,相互调整,从而形成设计构思。无论何种方式,单元体和整体结构这两个基本层次及其相互关系成为设计的核心——在这里,前者更多体现了一种自下而上的体块叠加式的空间设计方法,后者则更多表现出一种自上而下的结构划分式的空间设计方法,而两者之间的相互协调和促动则无疑成为该设计练习的关键。

一、相关原理和先例:"多米诺"–"结构主义"–"提契诺学派"等

　　作为一种基本的空间组织方式,很多原始聚落中,已经存在某些单元空间的基本组织形态。但对于现代建筑而言,有关单元空间及组合的设计问题,直接反映的是工业化生产和与之相应的标准化模块的思想。

　　前述的柯布西耶的"多米诺"和"雪铁龙"住宅,都同时反映了这种模块化和标准化的思想。"多米诺"——顾名思义,就是指像骨牌一样的单元。它用新的钢筋混凝土材料,以建筑结构和空间上必不可少的最简洁的构件支撑和限定起一个基本结构和空间单元——这个基本单元可以在水平和垂直两个方向上继续延伸、组合和叠加(图8-1)。而"雪铁龙",则借用了著名的法国汽车商标,表示房子可以像汽车一样的标准化生产。此后,柯布西耶为"当代城市"所设计的细胞式的建筑组合,诸如"分户产权公寓"(*Immeuble Villa*),就可视为"多米诺"或"雪铁龙"的变形和组合。

　　不过,这种标准化单元,与现代主义的"方盒子"设计一道,在其后的

传播和发展中往往成为过于简化的"功能还原式"(functional reductive)设计,丧失了应有的丰富性。与此相对照,柯布西耶在马赛公寓中设计了23种户型(跃层式),插入整体结构中——包括架空支柱、空中街道、屋顶花园等,表达了一种前所未有的丰富性和矛盾性,重新解释了他早年的"分户产权公寓"设计(图8-2)。塔夫里的《现代建筑》一书中,指出在柯布西耶的这些设计中存在的"两套结构,一套是固定的,且尺度很大;另一种在理论上是可移动的,由那些插入主结构体的小单元体构成,就像柜子上的抽屉一样。"[1]

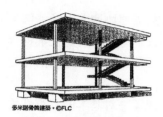

图 8-1　柯布西耶:多米诺住宅（左）

图 8-2　柯布西耶:分户产权公寓(右)

与此相应,出现于20世纪50年代末的"小组十"(Team X),对以CIAM(国际现代建筑会议)为代表的现代主义的功能教条提出了批判。作为"小组十"的特殊一员,凡·艾克关注于"场所形式"(place form)的研究,指出当时新建筑"不可居"(uninhabitable)的通病,并且寻求一种能够被所有居民认同的"有意义的巨型结构"(large significant structure)——在其中,每个居民又根据自身需要,在不同的时间和场合,自由地增添或改变[2]。

凡·艾克的研究还着重提出了一种"双重现象"(twin phenomena),在诸如"室内和室外","房屋与城市"等成对关系之间。他所关心的是对立事物之间的关系,包括开放-封闭、内部-外部、小型-大型、多-少等。对于单元组合来说,每个单元都有自主的作用,又不失为整体的一部分;构件之间牢不可破的关系和构件本身一样重要（而在CIAM成员眼中,每一个构件为一个"隔离的功能"）,每个空间都成为一个具有多重意义的"场所"——即所谓"多价"(polyvalence)[3]。在这里,建筑的丰富性往往还在于两者之间的"过渡"(transition),或称"门槛"(threshold)及"中介"(in-between)空间。在凡·艾克设计的阿姆斯特丹孤儿院中:许多"地方"的轮廓完整分明,又互相重叠,各个"家庭"单元相互连接,统一在一个连续的屋盖之下,表达出其所谓的"迷宫般的清晰性"(labyrinthine clarity)(图8-3)。

阿姆斯特丹孤儿院及这种"迷宫般的清晰性"成为荷兰"结构主义"用来克服功能还原主义弱点的基础。在此之前,赫兹伯格就以行列式堆积的

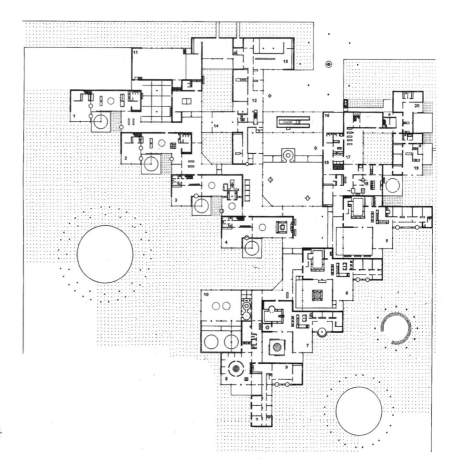

图 8-3 凡·艾克：阿姆斯特丹
　　　　孤儿院

"火柴盒"式设计为例,说明如何移动"火柴盒",考虑彼此的相互关系,形成
丰富的过渡性空间:在这里,同一构件,既是某一单元的室内边界(如屋
顶),又是另一单元(或公共)的外部活动界面(如平台)(图8-4)。同样,"结
构主义"的另一代表人物巴克马(Bakema)则以典型的行列式联排住宅为
例,说明如何统一各单元的纵墙和核心部分,结合工业化预制生产进行
标准化设计,来满足基本功能和设施需要,而同时留出其他自由生长的
可能性(图6-18)。此后,赫兹伯格继续发展了"多价空间"(polyvalence
space)的概念,用以解释室内和室外,单元和整体,私人和公共等双重关
系。这一点,在其20世纪70年代建于阿珀尔多伦的中央保险大厦中得
到了充分的表达(图8-5)。

　　　在这些结构主义的作品中,均可发现对支撑结构的研究和清晰表
达,即所谓结构化的空间构造(space-structure construction)。将空间形式

图 8-4 "火柴盒"行列式堆积
　　　　中的变化

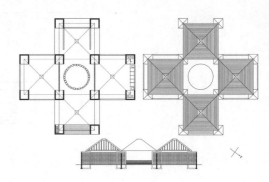

的组织与基本的结构构造结合起来,以此作为"固定的"基本构件,来容纳和组成多种可变的空间用途。在这里,单元和结构的设计已经深入到基本的构件设计中,以此为基础,形成单元空间和组织的多种变化。

这种对结构构件和构造的清晰表达,与美国建筑师路易斯·康的追求有类似之处的。在康的设计中,通过对结构和服务设施的精心设计,实体的结构构件与虚的空间之间的关系达到了精确的对应和平衡,这也成为他的许多单元式空间设计的基础[4](图 8-6)。

功能、结构、场地及其与建筑空间形式的关系,这些问题都反映在单元空间的设计中。在这方面,马里奥·博塔(Mario Botta)等所代表的瑞士"提契诺学派"可作为一个典型。在提契诺(瑞士意大利语区),二战以后功能主义的问题首先被介绍进来,20 世纪 60 年代受结构主义的影响,70 年代又有文脉主义的问题,此后的发展则基本建立在新理性主义的基础上[5]。提契诺学派中,由博塔设计的莫比奥中学(图 8-7),以及利维奥·瓦契尼(Livio Vacchini)设计的爱沙乐支小学(图 8-8),清晰地表达了单元空间设计中这样一些基本问题,成为该设计练习设置的重要参照。

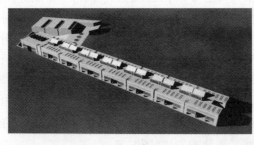
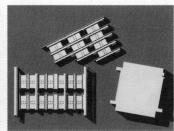

20 世纪 90 年代以来,一些新的设计继续探讨有关单元组织的标准化与灵活性的问题,尤其是在单元及单元之间的公共空间的设计上。在这方面,日本建筑师妹岛和世设计的再春馆制药女子公寓(图 8-9),以及早些时候由伊东丰雄设计的八代市老人养护院(图 8-10)都提供了新的例证。

二、相关因素的设置与操作机制

单元组织,既是作为一种空间组织形式,同时也可视为使用功能的安

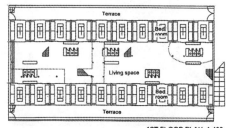

1ST FLOOR PLAN 1:400

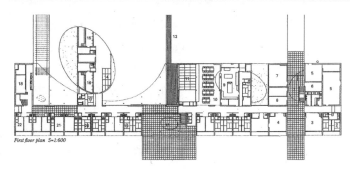

First floor plan S=1:600

图 8-9　妹岛和世：再春馆制药
　　　　女子公寓(左)

图 8-10　伊东丰雄：八代市老
　　　　人养护院(右)

置方式，支撑结构的分布方式，并将建筑群体置入城市肌理组织中。

　　在这种思路下，该设计练习围绕单元空间与形体组织，设置相关场地、功能、材料(结构)等因素，与单元空间的组织紧密配合，并提供具体条件，以此限定和促动练习的发展。

1. 场地因素：街区肌理

　　练习场地选取街区环境。一般情况下，基地往往一面或两面临近街区道路。周边以行列式住宅为主，构成某种环境肌理或有规律的图-底关系，形成单元空间设计的外部条件。

　　在较为宽松的基地条件下，更利于由内向外展开的设计过程。在这种情况下，单元自身的设计及组合显得更为重要，而有关单元及组团生长的概念也可得到充分表达，诸如像结构主义早期的很多例子那样——包括凡·艾克的"孤儿院"和赫兹伯格的"中央保险大厦"。

　　近年来的场地设置中，更多倾向于较为紧凑的用地限定，配合以较为多样和模糊的地块形状(诸如纵向或横向的多边形地块)，以及更具体的周边物质形体环境，并有意识强化某些具体环境条件(诸如基地内部和周边的树木等)，以此限定和促动其内部的单元组织(图 8-11)。在这种思路下，单元空间设计和整体组织结构之间的互动关系更显重要，单元空间组合中的双重性本质被凸显出来，而非仅仅单方面考虑局部单元或整体组织。诸如赫兹伯格后期的一些设计，也开始突破早期的内聚性，更多考虑与外部城市的关系(图 8-12)。

　　与基地外部条件的限定相对应，练习任务的设置也突出了基地内部的场地设计内容。这种场地设计，一个关键之处是要在组织单元空间的同时考虑外部空间的限定。内外空间的组织相辅相成，而非仅仅相互独

图 8-11　街区场地

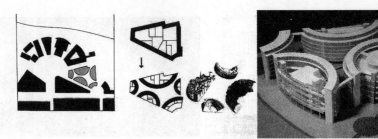

图 8-12 赫兹伯格;媒体公园设
计,德国科隆(1990)

立的场地和建筑形体关系。这一点在近年来的教案调整中也逐步得到加
强。在早先的小学校设计中,也发现不仅是要考虑操场(或跑道)与教室
体块的布局,更紧密促动设计深化的内外关系往往发生在与教室临近的
室外活动空间或院落的组织中。

这些预设条件,配合层数的限定(一般不超过三层)以及下述材料与
结构限定(砖混结构),在一定程度上暗示了该单元空间组合设计的练习
将首先在平面上展开,尽管也不排除局部剖面上的空间穿插和错动。

2. 功能因素:学校与公寓

在该练习中,空间形式组织与功能使用的对应是最基本和紧密的关
系。所采用的功能设置主要有:小学校、老人公寓、青年之家等。

这些功能设置以一定程度的单元重复和排列为主,再辅以一定的公
共活动内容。

单元的考虑可有基本单元、特殊单元,或 A/B 两种不同的单元等;并
可与附属于单元的辅助用房,例如储藏间或厕所等一并考虑。这些设置
提供了单元设计与组合的多种可能性。

公共活动部分相对于单元来说,有更大的灵活性,空间设计也更为
自由开放,由此与较为严格的单元空间设置相互补充和映衬。公共部分
与单元的使用关系,也有不同的可能性:可以相对集中而独立;也可以局
部分散而与单元就近相临;还可在单元和公共之间,引入中间层次而形
成组团式的公共与单元空间。这些不同的可能性,有助于单元与整体组
织之间更好地互动,并以此应对不同的设计条件和问题。

3. 材料/结构因素:砖混结构

该练习中重复排列的单元部分主要采取砖混结构形式,局部可增加
柱子或辅以框架形式。

砖混结构形式,对空间有着较强的限定性,结构与空间的关系较为
紧密,结构构件与主要的空间限定构件合一。因此,该练习要求空间形体
的组织满足砖混结构的基本要求;同时,也暗示了利用砖混结构的规律
性来加强单元空间形体组织的规律。两者之间相互制约又相辅相成。

与单元空间的组织相配合,砖混结构区分纵横墙的单向承重结构形
式的特点被显现了出来,结构的概念与开间和进深的概念结合起来,学
生理解到空间的方向性。这种方向性,不仅表达了结构与空间限定的合

一关系,而且与有关朝向,内外空间(场地)的渗透等问题都有对应,强化了学生对这些问题的理解。

砖混结构的材料和构造关系也要求在设计中表现出来。在这方面,传统的清水砖墙做法,有利于直接理解材料的结构和构造表现,并提供了基本的尺度和模数关系——统一采用 3 模(300 毫米)的控制。而在目前新的材料技术(如承重结构和外围护砌体的分离)发展下,如何继续体现砖混或砌体结构的空间与建构的关系,遂成为一个新的问题。

三、操作材料与要素的设定

该项练习仍然在一定程度上采取预设要素的方法,给定一些单元体或单元设计的基本要素,以此为基本单位,进行组织。近年来的教案,对给定体块的做法进行了一些调整和研究,以使单元设计和整体组合有更多的可能,并使单元与整体之间有更好的互动关系。

1. 基本单元体块

在给定单元体块的情况下,单元体的预设需要考虑练习中的一些基本问题。除了功能和结构上基本符合上述设定因素外,还要考虑基本模数和数字比例关系,以使下一步的组合中能有相对应的关系(如纵横向的对应,及不同体块之间的对应),并有更多可能。

在给定的基本单元体之外,还可给定一两种附属体块(例如附属于教室的储藏间)。附属体块与单元体块的关系,仍然需要考虑基本模数和数字比例的对应。在这种情况下,学生可对每一个单元进行几种不同的内部关系的组合,而这种内部关系的选择和发展,则与下一步整体的结构和组合之间结合起来,相互调整和促动。

在最近的教案中,改变了预设单元体做法,不直接给定单元体块,而给定每个单元内部必须满足的家具体块(青年之家:每人一床一柜),并给出总的面积上限控制,根据具体设计构思,在尽量紧凑的原则下,单元空间设计保留有多种可能性——这种可能性,由于会进一步影响到单元之间及整体的组合关系,所以需要在单元和整体之间往复协调,通盘考虑,以明确各自的方向。

2. 特殊单元体块及公共空间

除单元空间体块之外,还有其他一些公共性的或服务性的空间。这些空间也可对应上述基本单元体块的设定,一并考虑模数和比例关系,给出体块控制,由学生直接将之与基本单元一起,进行整体组合。

在最近的教案中,公共空间的设置趋于更加灵活,不再限定体量(房间),而是统一给出总体区域的面积,并要求有一部分内容与单元组合一并考虑。由此,诸如结构主义的一些案例,更强调单元相互之间的关系及其形成的中间性空间层次,更多考虑介于单元和整体之间的过渡空间(灰空间),或处于中间层次的组团空间。学生可根据各自方案构思的要点,进行适当的弹性调配,在其中找到适合于自身设计发展的组织关系,将局部单元与整体结构相连接。

3. 体块与结构

上述单元设置,一般理解为功能体块关系的改量。但对于结构支撑而言,这种单元体块的设定也可直接转为空间结构的设定。譬如将由四面墙体围合的体块转化为具有方向性的两面承重墙围成的结构。由此,课题对单元的设定也可直接表现为某种结构化的空间体。

从另一方面来看,由支撑受力角度出发而得到的这种承重结构同时也是一种形式组织结构,这无疑会反过来直接影响空间设计。这一影响不仅反映在独立的单元空间限定中,还可扩展到单元空间的组织即整体的形式结构中。这也成为该项练习隐含的一个关键问题,构成了该设计练习的内在要点之一。

四、设计操作过程和方法

该练习保留了一些阶段性的操作过程和方法,可分别展开各个问题。但有鉴于上述单元空间组织的诸多双重特征,各个阶段(及问题)之间也需要相互反馈和调整,而非完全简单的线性过程[6]。

与这种分阶段的过程相应,该课题继续采用了各种模型操作的方法,包括不同阶段不同比例的体块模型、结构模型及空间模型等(图 8-13)。与此同时,在该课题中,建筑图(尤其是平面图)的研究,以及图纸与模型的互动也成为设计操作中的重要内容。

1. 单元预研究:1/50 模型

在给定单元体的情况下,这一阶段预先设置,学生直接用塑料体块或纸板结构表达一系列的单元。

近年来的教案,也要求先对单元自身及单元的组合关系进行设计和研究。可以用 KT 板制作 1/50 的实物模型,表达承重墙体、开口关系及主要家具(床和柜)的安排等。

事实上,这个阶段的单元研究与下一步的整体组合是有着密切联系的,诸如涉及"纵-横"两个方向的承重墙和开口位置等具体问题,都要求学生进一步从整体组合的角度进行研究。而整体单元组合与场地的关系,则留待下一步的研究,继续深入或重新调整。在这个意义上,第一步的单元研究也可视为一种先期研究或练习,学生对单元设计和组合的可能效果有一个了解和预期,为下一步的设计做好准备。

2. 场地研究:1/200 模型与草图

如果将上述单元研究视为该课题的一种内部设计动因的话,场地的研究则是与之相对的外部限定或线索。

小组合作完成 1/200 的场地模型,表示周围建筑形体关系、道路以

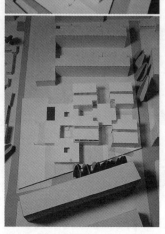

图 8-13　各阶段模型(李晟嘉,
　　　　　2007 年)

及考虑保留的树木等。

接下来,各个学生可以塑料块或卡纸板制作 1/200 的体块或结构模型,表示上述单元及单元组合,将其放入场地,进行调整。另一方面,学生也可直接从基地出发,运用多种模型材料对建筑形体和外部场地的组织进行研究,形成空间组织的整体构思。由此也可为单元设计进一步提供线索,与上述单元研究相互匹配或重新调整。

与模型研究相配合,学生可同时以草图进行设计分析和研究。

3. "结构–空间"研究:1/200 模型与建筑图

在上述单元研究和场地研究的基础上,相互适应、促动及调整,形成基本的设计构思。

进一步的研究要求学生以卡纸板制作 1/200 的结构–空间模型,表达出结构与空间的一致性,以此研究单元之间,单元与公共空间之间,以及由此形成的内部和外部之间等各种空间层次和关系,发展设计方案,并满足任务要求。

除了实物模型之外,该阶段后半期可同时运用电脑进行三维模型的研究。对应于上述体块和结构模型的方式,电脑模型可采取分"块"(block)及分"层"(layer)的方法,利用虚拟模型的优势,进行各种操作,研究单元空间组合的各种可能性。

与三维的模型研究相对应,这一阶段要求绘制 1/200 的建筑图——主要是平面和剖面,进行二维图纸的研究,更精确和深入地研究内外空间层次、结构、功能布置等关系。

整套图纸要求统一以墨线绘制,以线条粗细等级和黑白层次来表达空间和材料关系。

五、教学案例分析

1. 单元空间与功能体块(小学校,设计:杨宇,2001 年)(图 8-14)

【体块组织】设计从给定的单元体块(包括普通教室、特殊教室、办公室、风雨操场等)出发进行组织排列,重点考虑了功能分区和流线组织。设计中将普通教室单元、特殊教室单元、办公单元和风雨操场分别组织

图 8-14 学生作业:小学校
(杨宇)

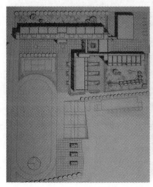
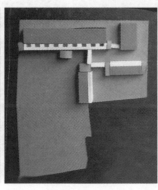

为四个体块,再进行交通联系,并与整体场地关系结合,形成类似风车形的整体结构组织。

【设计深化】风车形结构的中心为一处小庭院,围绕它组织交通枢纽,并向四边伸展。风车形四条边的设计,一方面根据功能内容的不同,组合成长短、宽窄不一的功能区块,各个区块的外形和内部处理反映出不同功能的单元性特征,并与不同的结构尺寸和模数对应——这些不同的结构尺寸和模数在任务设置时已暗含了一定的数字组合关系,彼此之间既可在不同的体块中相互区分,又可在整体组织上相互对应。另一方面,风车形布局的展开,也同时考虑了对整体场地的配合和控制,长短、宽窄不一的四个体块与场地的大小和形状结合,围合或暗示出不同的外部空间,根据周边道路和内部功能配置的情况,分别布置为入口广场、硬地活动广场、操场(包括球场)和草坪绿化。

【评介】由此,该作业完成了从单元到整体,内部到外部的设计,并最终在一定程度上使两者相互结合起来。

2. 结构性的单元空间组织(小学校,设计:张尧,2003 年)(图 8-15)

【结构启动】该作业与上一作业形成明显的对照。在任务的预设条件中,除了每个教室增加了一个辅助体块(储藏室)之外,其他基本设定要素与上述作业基本一致(即普通教室、特殊教室、办公室、风雨操场等),只是场地条件更为明确和紧凑。在空间设计上,该设计与上述设计表现出显著的差异。设计过程没有从个别的单元体块出发,而是一开始就在场地上考虑整体的结构(网格)关系,力图获得某种均质性的空间肌理,再根据单元体块不同大小和形状的要求,来调整整体的结构(网格)。

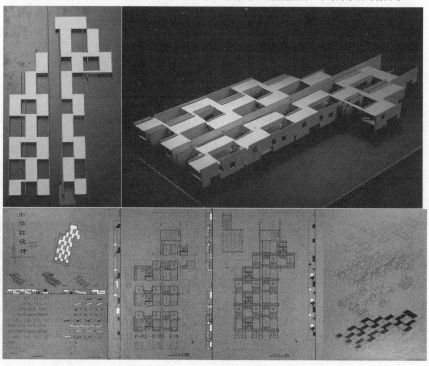

图 8-15　学生作业:小学校
　　　　　(张尧)

【空间分化】在设计过程中,根据朝向、间距、采光、通风以及入口交通等要求,对原有的均质网格的两个方向进行了划分,区分出"纵"(南北向,也可视为"经线")与"横"(东西向,也可视为"纬线")两个不同的方向,以此为经纬,组织整体架构,通过加设次一级的"经线"和"纬线"或调节其间距,满足不同功能单元体块的需要,并组织交通联系。

【结构深化】如此,该设计从整体组织出发,继而通过结构的调节来满足内部单元体块的布置要求——同时, 这些不同单元体块的要求,也使整体结构出现了不同的疏密和等级,自然促成了整体空间的丰富性。

【评介】在这种调整中, 整体结构的控制和单元的发展是相互促进的。整体结构的关系,被进一步发展为一系列纵向界面的设计,与不同系列(横向)的单元设计结合。而在平面关系中,整体结构的控制发挥出最为重要的作用,在这种结构控制下:各个单元的内部空间和外部庭院的组织被紧密地联系了起来,虚和实、图与底、内与外等关系都同等重要,相互映衬和联系。这些都使得该设计在统一的整体中有可能去获得空间组织的丰富性。

3. "单元体–组团–公共体"之间的渗透(青年之家,设计:刘冬,2007年)(图8–16)

【设计问题】设计初始采取了一种非常简便的处理方法,即单元体与公共体分作两块分别沿场地南北两侧展开。接下来的设计重点即转为单元体与公共体各自的设计及其相互之间对应、延伸、渗透的关系,由此研究单元体之间,公共体之间,以及"单元体–组团–公共体"之间的空间关系。

【空间深化】在这种相互关系的研究中,单元组合中分组团排比的特点得到了利用和发展,整个设计的发展力图将这种关系延伸到空间组织

图8–16　学生作业:青年之家
　　　　　(刘冬)

的各个层次。由此,该设计先确立了一种在单元体和公共体之间纵向(南北向)延伸的空间设计策略。这种纵向关系的延伸首先体现在各个组团的公共空间及服务空间这一层次上;进一步的延伸则进展到整体公共空间和服务设施的组织中;最后,在这种空间的延伸中,建筑内部空间、外部空间以及内外过渡空间关系也被组织起来,并在建筑内部形成了若干与单元组团对应的内院。

在整个设计中,空间的延伸与结构(墙和柱)的对位关系是一致的,在大多数情况下,两者相辅相成。

在上述纵向空间的延伸中,在单元体和公共体之间,插入横向的过渡空间,顺应场地和单元组团的布置的结果,形成锯齿形由大到小的门厅和主要交通。

在垂直方向,利用双层关系区分了四人间和二人间两种不同的单元,这两者及其与公共(服务)空间的关系既相互对应又互有差异。单层的公共体大空间采取相当于双层单元体小空间一层半的高度,使得公共与单元之间,单层与双层之间在垂直空间方向上既区分又联系。而位于两者之间的过渡空间(门厅),则根据上述纵向肌理的延伸,处理为有节奏的单层(一层半)和双层空间的交替穿插,在这种穿插中,顶部的高侧光线也被引入了建筑中央。

【评介】由此,纵向、横向以及高度方向上的三种空间关系都交织在类似锯齿形门厅的过渡空间中,而该作业在此处的设计深度和表达也留下了需要进一步探讨和完善之处。

4. 单元的排列与公共界面的折叠(青年之家,设计:张臻,2007 年)(图 8-17)

【场地线索】设计开始对单元和组团的设计并没有特定的考虑,构思主要来自于整体组织及其与场地的关系,由此对单元及公共空间组织的发展提供了线索。

【空间分化】在这种整体组织关系中,区分了单元体和公共空间的不同性质,分别采取不同的设计策略:单元体的组织有明确的限定条件,采取简洁紧凑的线形排列形式,形成明确肯定的条状体块;而公共空间的组

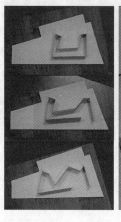
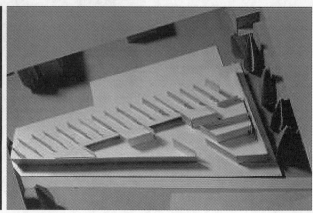

图 8-17　学生作业:青年之家
　　　　　(张臻)

织则相对灵活,采取不定形的边界形式,一方面在外部更好地顺应场地环境的关系,另一方面在内部则与上述单元体之间形成松弛、弥漫的空间。

进一步的设计结合场地和朝向等因素,形成了一个简洁的解决方案,由两个基本"要素"构成:其一是南北走向纵贯基地的长条形单元体,其中各个小单元体扭转一个角度,朝向场地内部;其二则是顺延街道界面倾斜并在北侧回折的"L"形墙体,作为场地外部的公共界面,与上述单元体成一定角度,彼此之间形成大小宽窄不等的区域,布置不同要求的公共活动(包括内部庭院)。

【结构与功能深化】最终的设计则在上述两个基本要素之间,发展出从单元体到公共活动空间的各种层次。在这种发展中,结构的对应与空间的关系相互匹配,将单元及单元组团的结构和空间韵律关系分级地延伸到公共活动服务和交通空间中——顺应这种关系,进一步在公共交通活动与次级的单元组团交通活动之间,与服务体块相间隔,挖出内部庭院,作为内部的采光和景观。

在高度方向,单元体是双层的,分别解决四人间和二人间两种类型,根据四人间和二人间的不同要求,在单元体与公共空间相接处布置交通和次级的活动(包括服务)空间,使单元体的双层空间延伸到公共空间中,形成局部的夹层与空间贯通关系。

5. 整体结构中空间的排比与梯度(青年之家,设计:陈宇,2007 年)(图 8-18)

【空间构思】最初的设计构思受到日本建筑师妹岛和世设计的再春馆制药女子公寓的影响,力图在一个方整的形体中创造一种打破单纯走道和功能分区界限,使单元和公共、交通服务和功能使用之间形成相互交杂、彼此促动的空间关系。设计开始即明确了将两种单元分别布置于南北两侧,在中间留出统一的公共空间,并在其中插入交通和服务体块等。

【场地调整】接下来,根据场地条件和入口的考虑,中心条状的公共区域向拐角延伸,形成类似"L"形或"U"形的延伸关系,与外部场地和庭院的设计相连,最终形成环状的空间联系。

【空间结构深化】该设计的重点还在于中心体块内部。与妹岛和世的许多钢结构设计方案不同,该设计采用砖混结构为主(局部框架)的结构限定,这使得内部空间的设计更多地考虑与结构的匹配和一致,并使空间形式的组织更加趋向于紧凑而非松弛。

在这种空间形式的组织中,不同的单元之间,不同层次的公共及服务空间之间,以及单元与公共空间之间的关系遂成为设计的重点。这些关系的组织,顺应单元开间的朝向及砖混结构横墙承重的特点,区分了纵-横两个方向。在纵向:南北两边的二人间和四人间开间采取 3:2 的对应方式;由此,也形成了更高一级的结构控制,作为公共空间的大开间,间隔布置公共活动室(包括餐厅和浴室)和贯通的共享空间(包括门厅和中心庭院);在公共空间和单元之间,则对应二人间的开间关系,布置交

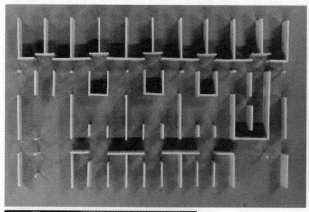

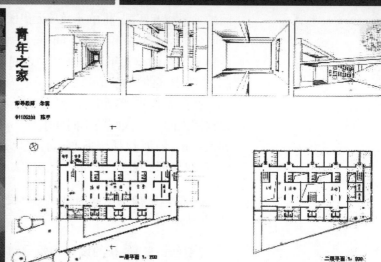

图 8-18　学生作业：青年之家
（陈宇）

通和服务空间，与公共空间交错间隔，形成过渡；而在单元空间的设计上，二人间和四人间 3:2 的关系继续反映在四人间单元非承重墙关系的设置和入口开门等次一级细部的处理上。在横向：在上述各种空间关系的对应中，区分了各个"空间带"的层次，包括中心的公共性空间，两侧的单元空间，以及彼此之间可能存在的各种过渡层次。这其中，根据四人间单元组团组织的特点，安排了一系列的辅助（盥洗）空间，与楼梯结合，进一步拉开了公共与单元之间的层次，并间隔插入一串小的光庭。

【评介】由此，通过纵向结构关系的对应，以及横向功能带的错动和渐进，该设计将单元组织的韵律排比关系贯穿于整个设计，并在这种关系中形成了细致的空间层次和梯度，满足了不同的功能使用要求，在简洁的形体中达成了丰富的空间。

6. **单元体与场地组织**（青年旅社，设计：顾雨拯，2009 年）（图 8-19）

【构思】相应于单元空间组合的课题，该设计专注于私密性的单元空间与公共性的活动空间之间的互动和关联，以此获得整体性的构思。

【单元体与结构发展】单元和单元之间的交流发展出整个"单元体"的设计，即将二人间和四人间两种单元分置两侧，中间留出过渡及交流空间。相对严格的结构限定体现为单元空间的规则对位以及有限的拉伸和错动,并最终促使单元体设计的深入。

【公共空间与场地组织】相对复杂的场地条件对该构思形成了一定的挑战,设计中采用较为弹性灵活的公共交流和活动空间应对不规则场地,彼此渗透,并与上述单元体中的公共交流空间相互贯穿,共同形成整体的组织形态和流线关系。

【评介】由此,该作业最终分别从单元空间与整体组织两个角度对设计课题作出了解答:置于场地中央的规整的单元体满足了结构的要求和功能的效率;贯穿于单元体之间并游走于场地四周的公共交通和活动空间则调节了单元体内部以及单元体与整体场地的关系——两者叠合,在内部形成了交流的中心,在外部则留出了处处庭院。

图 8-19　学生作业:青年旅社
(顾雨拯)

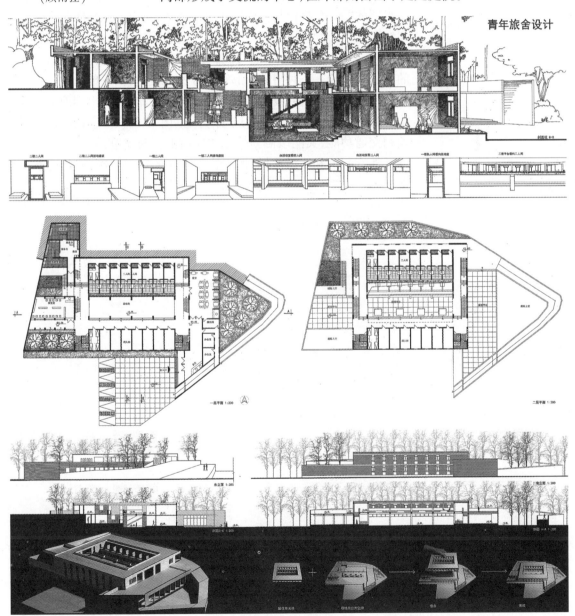

7.错动的单元体与公共空间组织（青年旅社，设计：林云瀚 2011 年）
（图 8-20）

【基地与构思】该青年旅社位于老的城市街区之中。基地西侧临街，周围主要为传统的低层建筑。设计意图将老的街道空间引入建筑中，创造出青年旅社内部活跃的公共活动与交往空间。

【错动的单元体与公共空间】引入建筑内部的公共"街道"力图突破一般中走廊式的纯粹交通性空间组织模式，可以复合更多的公共活动和服务设施。另一方面，场地条件和任务设置要求具有适当的密度，建筑层数在二层左右。为使上下两层单元体都能充分共享内部"街道"，设计采取了错层的方式，将内部"街道"由入口广场引入，并抬高半层多，再以上下半层的"入户"阶梯与各个单元组团连通；每个单元组团包含若干双人间和四人间，并设有单元客厅，与内部"街道"错层相望。由此，既适当区分了公共、半公共与私密的空间，又使每个单元都拥有经由内部"街道"的"入户"体验。公共街道下部则为服务性设施，供各单元体使用。

【评介】该作业突破了二维平面布局的限制，展现出剖面上的空间错动与交织，使内部的公共"街道"成为空间组织的核心，既复合了交往、活动和交通功能，又能以恰当的方式连通上下两层单元，并有效联系和过渡了外部街道和入口广场，形成合理有序的空间层次，彼此连通且相互交流。

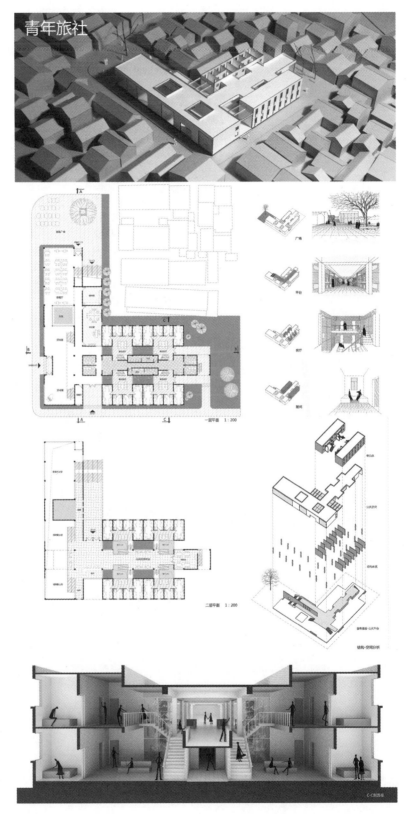

图 8-20　学生作业：青年旅社
　　　　　（林云瀚）

注　释：

1　[意]曼弗雷多·塔夫里,弗朗切斯科·达尔科著;刘先觉等译.现代建筑.北京:中国建筑工业出版社,2000:319.

2　Wim J. van Heuvel, *Structuralism in Dutch Architecture* (Rotterdam: Uitgeverij 010 Publishers, 1992), 14.

3　参见:[荷]伯纳德·卢本等著;林尹星译.设计与分析.天津:天津大学出版社,2003:94.

4　在香港中文大学教师顾大庆和维托的工作室中,从实体与空间的角度出发,对空间类型进行了研究,将康的作品作为"单元(模数)空间"(modular space)的代表:其相互限定的实体和空间(虚体)都有各自分离而清晰的(discrete)表现。

5　赫伯特·克莱默.序言.见:冯金龙,张雷,丁沃沃.欧洲现代建筑解析:形式的建构.南京:江苏科学技术出版社,1999.

6　在冯纪忠的"空间原理"研究中,也曾提到设计过程应是从总体和室内两方面开始,以此进行单体设计。并以小学校为例,说明先分别考虑外部场地,内部单元组(以及功能结构)等,以此完成单体设计。这对该课题的一些情况有很好的借鉴。参见:冯纪忠."空间原理"(建筑空间组合)原理述要.同济大学学报,1978(02):2.

第九章　综合空间练习

在前两个设计练习的基础上,综合空间练习引入较为复杂的建筑空间问题:包括大小不同的特定空间体块和不同的流线要求,也包括较自由灵活的开放空间及通用空间。场地的设置则要求上述内容容纳在一个相对紧凑的形体中;钢筋混凝土框架的使用则使各种关系获得了不同程度的自由——从严密的对应到松弛的错动或层叠。

从历年来的练习来看,传统功能体块式的设计方法,在很大程度上仍然发挥着影响;另一方面,新的灵活性空间使用需求对此提出挑战,并促成了对新的空间设计方法的研究——这不仅仅是满足于"货仓式"的通用空间设计,而是探索新的设计要素和方法;空间设计的对象也不仅仅是彼此分立的体块和构件,还可以是各类连续的结构和系统,相互层叠或交织。

一、相关原理和先例:构图原理–"泡泡图"–透明性–复杂性

早在学院派的构图原理中,对较为复杂的功能和平面的问题就已有相当的论述,尤其是如何使传统的轴线式组织形式与越来越多新的功能使用要求相匹配——包括不同功能所对应的空间形状、主次、层次及动线等问题。20 世纪初由加代总结的"构图要素"更是反映了一种将空间作为各种功能体块及其组合的设计方法。在加代的平面构图中,还特别区分了动态的交通功能和静态的使用功能。

现代主义的功能原则在很大程度上延续了这种方法,只是抛弃或重新发展了学院派的轴线对称式的平面构图。在这方面,由格罗皮乌斯在 20 世纪 20 年代设计的位于德绍的包豪斯校舍提供了在三维空间中进行功能体块的划分及构成的经典范例。此后,以包豪斯为代表的功能主义的空间设计发展为一种"泡泡图"式的设计方法,在一定时期内产生了广泛的影响:建筑空间的功能使用程序以各个功能块("泡泡")和彼此之间的联系("泡泡"之间的连线)表示,由此,建筑空间设计问题表达为功能分区和流线组织两大类关系(图 9–1)。

在现代建筑的设计原理中,功能(体块)分区以及流线组织的问题一度成为核心内容,以将"泡泡图"所反映的任务要求转化为三维空间的组织关系,并与各种结构形式及场地条件相匹配。在国内,20 世纪 80 年代由东南大学(原南京工学院)编写的《公共建筑设计基础》一书,对此作了详细的总结 [1]。在有关功能分区的问题中,提出"主"与"辅","内"与"外","闹"(或"动")与"静","清"与"污"等一系列关系;并特别指出:功能分区可在水平和垂直两个方向上进行,并可相互穿插联系 [2]。与功能分区同时发展起来的,是流线的组织,包括公共人流,内部人流,辅助供应流线等。

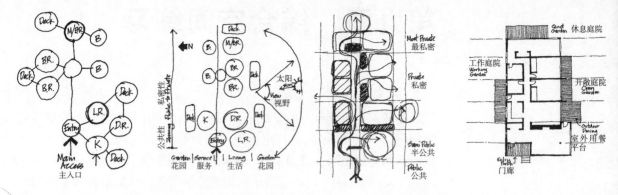

图 9-1 由"泡泡图"出发的设计

不同的人流和物流彼此分隔，又要相互联系，整体流线组织要简捷灵活。这些关系同样可利用水平和垂直两个方向进行组织（图 9-2）。

与这样一种功能组织相应的是空间形式的设计。上述格罗皮乌斯设计的包豪斯校舍同样被建筑历史理论家吉迪翁视作为现代建筑新的空

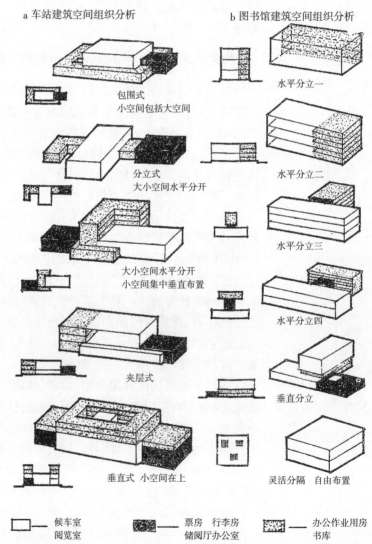

图 9-2　功能分区与体块组织

间形式的代表。吉迪翁在这里指出现代建筑空间形式的两大企图:一是悬浮在空中的一系列垂直的面,相互之间形成空间关系(relational space);二是广泛的透明性(大片玻璃幕墙),室内外能同时被看到——犹如毕加索的绘画作品《阿勒尼斯》(L' Arlésienne),具有多重参照,以及一种同时性(simultaneity)或时空(space-time)概念(图9-3)[3]。

吉迪翁在包豪斯校舍中所称颂的这种空间关系及"透明性",在其后柯林·罗和斯拉茨基进一步的研究中却受到了质疑。在此,柯林·罗和斯拉茨基从对立体主义绘画的分析中区分了两种"透明性":材料的和现象的。上述毕加索的绘画作品《阿勒尼斯》中,所具有的材料的透明性无疑与包豪斯校舍的效果是一致的;但毕加索作品的侧面空间构成中,通过汇集大大小小的形,具有不同选择的交互解读的无限可能,这种空间的模糊性(现象的透明性),却是包豪斯校舍所不具备的[4]。与此相对,对柯布西耶在20世纪20年代设计的位于加尔歇的别墅(以及其后的国联大厦设计方案)解读,发现了一种"空间层化体系(spatial stratification)",作为了现象的透明性的代表(图9-4)。

有关"透明性"的这种讨论,成为柯林·罗所代表的战后形式主义研究的一部分。受柯林·罗的影响,以埃森曼为代表的"纽约五"继续了这种空间形式的研究。这种对空间形式的研究,重新联系了历史上有关空间形式的操作和再现等问题,确立了柯布西耶在现代建筑发展中的地位,也对以格罗皮乌斯所代表的"泡泡图"式的功能主义的现代建筑设计方法形成了批判和补充。其中埃森曼的研究,还在很大程度上回应了现代建筑早期意大利的建筑师吉斯普·特拉尼(Guieseppe Terragni)。后者在20世纪30年代设计的位于科莫的法西奥大厦,也是意大利理性主义的重要代表作品:在一个完整的正方形平面中,建立了严格的结构和形式逻辑,内部复合了功能内容,外部立面则采取分层的模式进行理性表达(图9-5)。

在20世纪60年代,美国建筑师文丘里所著《建筑的矛盾性和复杂性》,对某些现代建筑中简单的功能分离和所谓"专用"现象提出了批判,

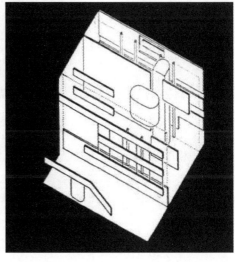

图9-3　毕加索:阿勒尼斯(左)

图9-4　加尔歇别墅　(柯布西耶)的透明性分析(右)

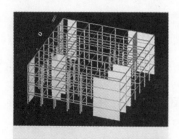

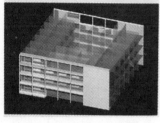

图9-5 法西奥大厦(特拉尼设计)分析:建筑结构系统(上);建筑围合与空间(下)

提出了"两者兼顾"、"双重功能的要素"等等现象,并同样以现代建筑中柯布西耶、阿尔托和康等人的作品为例来说明这种丰富性。

对现代建筑中多种功能、结构以及形式等问题,路易斯·康的研究,提供了另外一种方式。康对现代主义的专用空间和通用空间等功能问题进行了重新解释,区分了服务与被服务空间,并将其与结构形式的组织结合起来。康设计的埃克塞特图书馆,以一种整合的结构性关系,创造了一种全新的空间组织和使用方式(图9-6)。

20世纪90年代以来,一些新的设计,继续在功能和形式两方面对综合空间的复杂性问题进行了探索。诸如荷兰建筑师雷姆·库哈斯(Rem Koolhaas)的巴黎图书馆设计竞赛方案(图9-7),荷兰建筑师威尔·阿雷茨(Wiel Arets)设计的乌得勒兹大学图书馆(图9-8),日本建筑师伊东丰雄设计的仙台媒体艺术中心(图9-9),都从不同的方面,对空间形式与功能的复合,以及"透明"、"半透明"等问题,作了进一步探讨。这些探讨,从空间的分离与流动,功能使用的特殊性、通用性与灵活性,以及空间形式、功能(包括设备、流线等)、结构诸多因素的分解与整合等角度,对相关综合空间的设计作出了新的解释和发展。

图9-6 康:埃克塞特图书馆(上左)

图9-7 库哈斯:巴黎图书馆设计竞赛方案(上右)

图9-8 阿雷茨:乌得勒兹大学图书馆(下左)

图9-9 伊东丰雄:仙台媒体艺术中心(下右)

二、相关因素的设置与操作机制

综合空间的问题,一方面,可理解为因多种功能需求所引起的多种空间的复合;另一方面,有关场地、功能、材料(结构)等多种因素,对空间形式的共同作用关系也更显重要——这些因素的影响或强或弱,与空间形式的结合或紧或松,为综合空间训练提供了重要的限定条件和操作线索。

1. 场地因素:城市道路和校区

该项练习场地选择有临近城市道路和位于校区内部两种。

邻接城市道路的场地,突出了城市道路和建筑界面的考虑。学生开始从物质的形体空间角度考虑建筑与城市的关系;同时要求解决基本的人行和服务性的车行流线,与外部道路条件相接。场地的总体面积相对较大,尽管有高度限定,相对仍较为宽松,学生需要同时考虑一些外部场地(如广场、停车、内院等)的设计。

位于校区内部的场地,简化了道路和停车等外部条件和城市问题;进一步强化了场地周围的物质形体环境控制,并特别选择了较为紧凑的用地范围和明确的周边建筑限定,强化"地块"(block)的概念,同时限定了高度。学生需要在这样一个基地中完成一个相对"紧凑的"(compact)设计,在其中综合解决各种空间问题[5]。在这种情况下,空间关系不仅是平面的,还需要充分利用三维关系,将平面问题与剖面问题相互结合,以进行综合考虑。在此基础上,进一步选择和区分了不同地块的形状,诸如纵向场地与方块场地的区分等,以提供更为多样的具体条件(图9-10)。

2. 功能因素:功能演化中的图书馆设计

作为建筑学本科教案中的一个经典题目,有关综合空间的问题集中反映在"图书馆"这一功能类型的课题设计中。

在现代主义的"功能-空间"原理中,图书馆一直是一个典型的例子,表达了不同的功能分区和流线关系。空间设计主要反映为不同性质的"功能体块"(functional volume)的设计及其组织[6]:主要由阅览体块、书库体块、管理体块等三大体块及公共部分构成。根据自身的需要,这些功能体块在空间设计上可有各自不同的大小、层高,以及结构柱网的排布等。与不同的功能体块相对应的,则是不同的流线要求:分别为读者流线、书籍流线、管理人员流线。对应着不同的使用和管理需要,这些流线彼此有分有合,有着严格的控制(图9-11)。

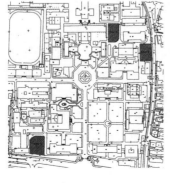

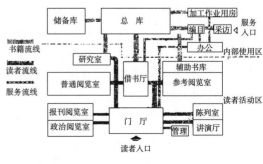

图 9-10　校区场地(左)

图 9-11　图书馆功能关系图
　　　　　　(右)

最近一段时期以来，图书馆功能的发展已出现了许多新的使用和管理需要，图书馆的主要组成部分也不再一定由不同的功能块构成，而是越来越趋向于不同功能的相互融合和灵活使用。在这种情况下，除了一些特殊要求的"专用空间"（如基本书库、珍本书库、报告厅、研究室等）之外，图书馆的很大部分可按"通用空间"（universal space）的概念来设计。甚至出现了"统一层高，统一柱网，统一楼面荷载"的"三统一"式的"模数式设计"（modular planning）[7]。在这种情况下，新的图书馆设计需要重新研究"功能-空间"的问题，一方面适当保留必要的功能体块划分和流线区分[8]，同时结合一些新的图书馆使用功能（如电子阅览），作为训练的要求；另一方面，则鼓励从实际使用的行为、体验、感受等其他具体问题出发，更多考虑空间设计的质量和氛围等。

从更为广泛的意义上看，图书馆设计中所面临的这种功能演化，并不应视为一种特例，而是反映出当前建筑发展所面临的一个普遍性问题。确定与灵活、专有与通用、封闭体块与开放（透明）空间，这些已成为越来越多的空间设计中所要面临的基本问题。在赫兹伯格的《建筑学教程2：空间与建筑师》一书中，谈到"空间的发现"问题，即以图书馆为例，说明其功能概念的演变导致空间组织的改变，并引发对新的建筑语汇的需求[9]（图9-12）。

图9-12　功能演化中的图书馆，从左自右分别为：布雷设计的公共图书馆，伦敦大英博物馆阅览室，巴黎国家图书馆，捷克斯特拉霍夫（Strahov）修道院图书馆，夏隆（Hans Scharoun）设计的位于柏林的图书馆

图9-13　模数式图书馆的柱网设计

3. 材料/结构因素：钢筋混凝土（框架）

该练习主要采取钢筋混凝土框架的结构形式；与具体空间设计结合，局部也可辅以采用钢筋混凝土墙体（或核心筒）承重。

在处理框架结构与空间形式的关系上，有两种基本策略：一种是框架形式与空间形式相一致，紧密配合；另一种则是利用框架结构的开放性与灵活性，使得框架结构与空间形式之间保留更多松弛和灵活的余地。这两种策略，与综合空间的具体训练要求相配合，可以用来解决和处理多种不同的问题。

首先，框架的形式已经暗示了一种空间限定。柱网的间距（包括开间和进深）和模数既要考虑结构的合理范围，又要便于空间使用——诸如书架和阅览桌的布置。这种框架结构形式本身的设计无疑已是该练习的一个要点，并且往往直接成为建筑内外空间设计的一个重要表现内容（图9-13）。

其次，围护墙体与框架的关系可相互对应，作为空间限定的围护墙体成为结构骨架之间的轻质"填充"（infilling）（图9-14）。

最后，围护墙体也可与框架脱开并完全分离，空间限定与结构分离，成为独立的外部"表皮"（skin）或内部"隔断"（screen），表达出所谓"自由平面"和"自由立面"的概念(图 9-15)。

以上这些"填充"、"外皮"、"隔断"与框架的相互关系成为该练习空间设计的一个要点。这些围护构件与结构框架既可表现为同一种材质，以表达出某种整体的"塑性"空间形式；也可强调各自的区分，表现不同的材质。

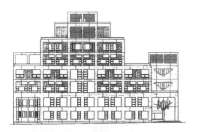

图 9-14 槇文彦：庆应义塾大学图书馆新馆

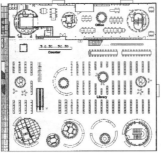

图 9-15 伊东丰雄：仙台媒体艺术中心

三、操作材料与要素的选取

与前两个设计练习不同，该练习设置不再预先给定设计要素或框架。而要求学生根据任务和场地，在具体的设计操作过程中，选用不同的操作材料，来进行设计和表达。在这种情况下，如何选取和看待设计要素则成为一个隐含的问题。

在具体设计操作过程中，学生总是要从某种特定材料或对象开始。以实物模型的操作为例：目前实物模型的操作主要有杆-板-体三大类模型材料——与此相对应，学生在前面两个设计中所熟悉的一些要素，从基本的形式空间的角度，也可归为线-面-体等要素。这些基本形式要素，与杆-板-块等模型材料的运用相结合，可分别用于表达场地、结构和功能等设置条件。学生根据对任务和场地的理解，选择一定的模型材料进行操作，由此产生具体的空间形式，来讨论各种设计问题，从而推动设计构思的形成和发展。诸如以"板面"表达外壳，以"块体"表达特定功能的房间，以"杆件"表达结构框架等。

在这里，模型材料的选择和运用，已经表达了对基本设计要素的理解。而如何理解和选择——即将何者作为设计操作的直接对象(要素)，这无疑对设计过程和最终的结果都产生了直接的影响，因而也成为这个设计的一个关键[10]。

四、设计操作过程和方法[11]

设计阶段的推进与所采用的不同工作方法相配合,诸如不同比例和材料的实物模型、电脑模型,以及建筑图的研究等。实物模型的操作方法仍然在该课题中起到了主导性的作用。这一方面利用了模型在三维(包括水平和垂直两个方向)空间设计中的优势;另一方面,模型材料及其操作过程也促成了空间形式的生成和演进——以此与二维图纸的研究相结合,共同探讨各种因素的影响和相互关系,推进设计构思的形成和发展(图9-16)。

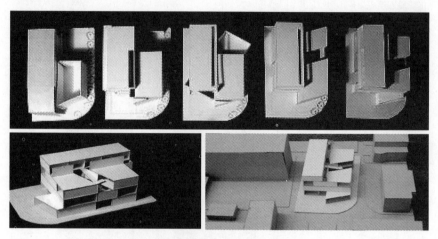

图9-16 各阶段过程模型与最
终模型(韩巍,2006
年)

1. 1/200场地模型和构思模型研究

小组合作完成1/200基地模型。表示周边建成环境的形体体块关系(以及保留的树木),区分道路和绿地。

在上述场地中,用塑料泡沫块、硬卡纸板和木棍等多种材料,进行设计构思。模型材料的运用表达建筑的空间关系,如基本功能和附加功能,公共和内部,使用与交通等。模型材料的组织或配置考虑场地环境问题。由此,结合功能和环境因素对模型材料进行操作,为设计构思提供线索。

2. 1/200空间(结构)模型研究

主要以卡纸板代表空间限定的构件,进行组织,表达开放或封闭等关系。构件的组织主要依据场地的环境关系,如朝向、流线、视线等关系。继续讨论功能问题和环境问题,满足任务的要求。

考虑结构的因素(包括开间大小、框架等),满足基本的支撑功能。

与此同时,在模型材料的操作中,加强对构件的组织关系(形式语言)的研究,注重空间形式操作的逻辑性和表达的清晰性。

3. 电脑模型研究

利用电脑(主要是SketchUp软件)进行三维模型研究,与上述实物模型互动。

电脑模型要求两个,抽象的和具体(结构)的。抽象模型主要表现为一般建筑构件是没有厚度的面,表达抽象的空间形式。具体的模型则是在抽象模型的基础上加入构件的厚度,同时思考气候边界及门窗开口等问题。

利用电脑模型在空间体验方面的优势,要求不断地求透视,与轴测投形或上述实物模型相对照,注重在空间中的连续体验。

利用电脑模型便于分解和变形的优势,要求分"块"和分"层",并对其进行各种操作,深入比较和探讨多种关系和多种可能性,推进设计构思。

4. 1/200 实物模型的调整和 1/100(或 1/50)局部放大模型研究

根据重新调整后的情况,最后调整完成 1/200 实物空间模型。

选取典型的立面和剖面局部,或者一个主要空间,进行 1/100(或 1/50)的放大模型研究,深入空间研究,并表达材料与建造的关系。

5. 建筑图的研究及表现

在电脑三维模型(SketchUp)中导出平、立、剖面图(1/200),总图(1/500),以及透视等,进行建筑图的研究。进一步推敲和明确建筑功能、结构和场地布置等,平面图适当考虑主要家具的布置。

整理和完成上述各阶段模型,拍摄照片,与建筑图一起进行排版和表现。

五、教学案例分析

1. 结构化的组织(社区图书馆,设计:王志强,2002 年)[12](图 9-17)

【基地】基地位于社区边缘,城市干道与社区道路的拐角处。

【构思】在相对复杂的环境中,这个设计中突出了建筑形体的简洁性和纯粹性。与此相应,设计的重点放在空间形式结构的研究上,并将其与图书馆的特殊功能结合起来,对其使用方式进行了重新解释:将书库设计与结构和交通结合起来,围绕内核(中庭)布置;经过书库上升至顶层的四个均质排布的阅览空间;底层与基地相接处则安排公共性门厅和各种不同要求的特殊功能,并组织不同的入口流线与外部环境相接。

【空间发展】由此,在垂直方向上,建筑形体从非均质的环境出发,向上生长,逐渐形成均质的秩序;在水平方向上,空间由开敞–半开敞–明确限定三个层次组成,由外部环境向建筑内核过渡。

【评介】在这样一种空间组织中,该设计突破了传统功能体块式的构思方法,更多表现出一种结构性和系统性的构成,包括由下至上,由里而外的:内核、分支、骨架、外皮等等,并在相互之间形成了完整而丰富的空间关系,创造了图书馆建筑独特的空间氛围。

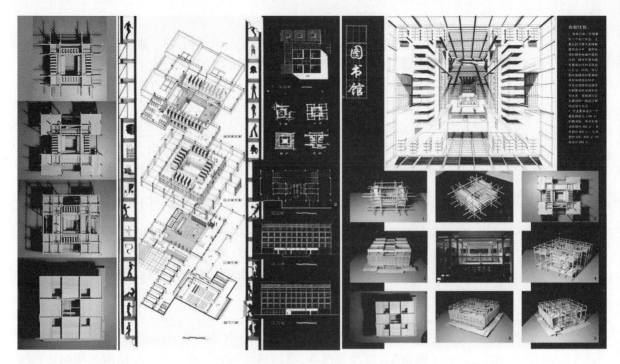

图 9-17 学生作业：社区图书
馆(王志强)

2. 虚实体块与空间(校区图书馆，设计：张李瑞，2006 年)(图 9-18)

【基地】基地位于校园环境，周边建筑形体环境较为明确，而留出较
紧凑的基地范围，呈南北向的长方形关系。

【外部环境与形体】设计一开始从建筑与周围环境的体块关系出发，
结合建筑面积的设置，对建筑体块的高、低、大、小及边界进行定位，并考
虑朝向和景观(保留树木)等因素对体块进行切割，形成虚体，作为室外
的院落空间，解决采光和通风等问题。

【内部功能与空间】与此同时，建筑内部使用空间的设计也被视为不

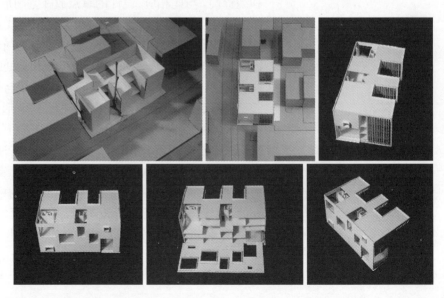

图 9-18 学生作业：校区图书
馆(张李瑞)

同的体块,与整体体块的切割一起,进行配置和分布。下一步的设计,则重点研究内部各个功能体块的相互关系。同样采取内部切挖的方法,形成虚体,作为室内的一系列小、中庭或共享空间,产生空间的流动,将内部的功能体块相互联系和渗透起来。

【表皮】上述一系列室外庭院和室内共享空间的设计,结合光线和视线等的考虑,直接反映在体块形体和表面(包括立面和屋顶)的凹凸和开口设计中,产生了最终的立面设计。

【评介】由此,该空间设计采用体块的方法,在内外之间,通过对不同层次的体块的切挖,以一种虚实相映的操作方法,打破了体块的单调和封闭,形成多重渗透的体块关系。设计先是由外而内,最后由内而外,完成了整个方案。

3. 从构件到系统(校区图书馆,设计:熊林龙,2006年)(图9-19)

该作业基地与前一个相同。

【体块组织】设计开始,学生设想了一系列剖面上呈"L"形的空间体块,作为主要的使用空间。各个"L"形的体块都有一个高起的双层空间,由此接到不同高度的另一个体块,通过这种"L"形的剖面咬接,体块之间在空间上相互联系和渗透起来,形成连续流动的图书馆使用空间。

【设计发展】进一步设计遇到了两个问题:其一是各个"L"形体块之间的关系,需要一定的组织逻辑,并与功能使用相匹配;其二则是在"L"形的体块之外,所剩余的空间如何定义。

对于第一个问题,在下一步的设计中,明确了"L"形体块的组织逻辑,围绕中心的虚体,组成首尾相接的环状关系,这种环状关系,与楼梯、

图9-19　学生作业:校区图书馆(熊林龙)

坡道以及电梯的设计结合起来，形成了在三维空间中的环行流线，联系了主要的使用区域。同时，主要使用空间也都明确了一种公共性的流动空间的性质。

与此相应，由"L"形体块组成的环状空间内部，围合了一个共享的中庭（内院），相对独立和封闭的服务体块（包括电梯），则作为内核，插入中庭之中。此外，由"L"形体块组成的环状空间下部，由于体块在剖面上的错动，留出了一部分空间，则作为整个建筑的基底，布置一些内部使用功能和附加功能。由此解决了上述第二个问题。

【评介】至此，该设计从一系列空间体块（"L"形体量构件）出发，在体块之间形成新的关系，组成了一个"环"状系统，在此基础上，又继续发展出"中庭"、"内核"、"基底"等一系列结构性的关系，分别与不同性质的功能使用空间相匹配，完成了整个设计，并在一定程度上形成了自身的特色。

4. 多重体系与空间（校区图书馆，设计：厉鸿凯，2006年）（图9-20）

【基地】该作业位于校园中的另一块基地，周边建筑形体环境也较为明确，留出较紧凑的一块方形基地。

【系统分化】与上述体块（构件）式的设计构思不同，该设计一开始就区分了垂直构件和水平构件的关系，形成两套系统，分别对应场地环境。在此基础上，设计的发展中对交通留线、外部维护，以及支撑结构等最终都做了相对对立的研究，以不同的构件和材料进行组织。最后，对部分特殊功能——如封闭的内部书库以及一些服务性设施，也都根据各自需要进行了独立的设计并将其表达出来。

【解决方案】至此，该设计的重点就成为上述不同功能系统及形式结构间的相互关系。一种解决办法是将不同的功能系统合并，诸如利用服务体作为结构支撑，同时解决承重功能。另一种解决方法则是将不同的功能和形式系统各自拉开，相互独立，彼此之间产生进一步的空间关系。最终的方案采取了后一种方法，突出了不同的系统和结构的区分，并在彼此之间相互拉开、错动、穿插，在相互关系中形成了丰富的空间。

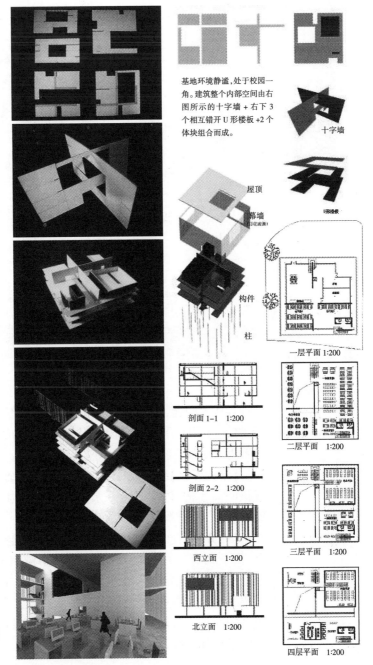

基地环境静谧,处于校园一角。建筑整个内部空间由右图所示的十字墙 + 右下 3 个相互错开 U 形楼板 +2 个体块组合而成。

十字墙

屋顶

幕墙

构件

柱

一层平面 1:200

剖面 1-1 1:200

剖面 2-2 1:200

西立面 1:200

北立面 1:200

二层平面 1:200

三层平面 1:200

四层平面 1:200

图 9-20　学生作业：校区图书馆(厉鸿凯)

5. 内核,边界与结构(校区图书馆,设计:汪澄波,2007 年)[13](图 9-21)

该设计基地与前一个相同。

【空间构思】设计的出发点是对于阅览空间的特殊气氛和光线的考虑,确立了环绕中心内核的阅览空间布局,以获得内部静谧的气氛,在内核和周边阅览区之间留出内庭和缝隙,接纳天光自上而下倾泻其中,照亮主要使用空间。

【功能发展】接下来的发展需要进一步解决内部的办公服务和书籍

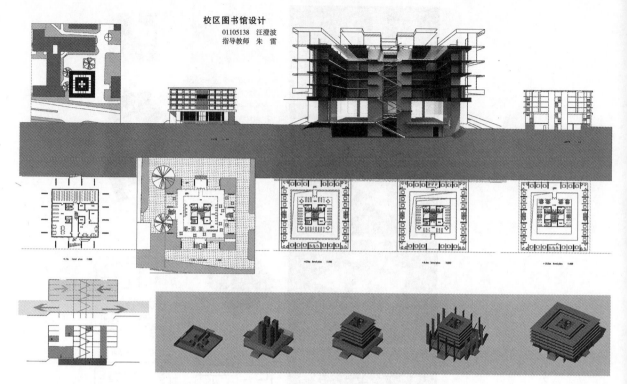

图 9-21 学生作业：校区图书
馆(汪澄波)

处理存放等问题,为尽可能保留上述构思的完整性,引入"基座"的处理方略,将入口门厅抬升半层,内部服务和管理功能隐于其下成为基座,内核则布置为书库和研究室,连接基座与上部空间。

【结构深化】结构设计与空间构思紧密结合。内圈的服务空间整合形成核心筒结构,外圈则由一系列剪力墙结构与隔断相配合,共同分隔阅览空间,形成一系列特殊的阅览小间。

【评介】由此,本设计在两个方向上对建筑进行了分层:在竖直方向上,由下到上分为半地下的办公区,高敞外向的大厅活动空间和上部内向的核心阅览书架区;在水平方向上,分为中心由四个核心筒所支撑的书架区以及周围一圈阅览区,其中阅览区又分为强调阅览私密性的阅览单元和四角上对外开敞的休息讨论单元。设计中强调结构要素和空间限定要素区分明确,清晰易读。

6. 从平面到剖面的虚实体块分化(校区图书馆,设计:柴文远,2008年)(图 9-22)

【基地】该设计位于校园边缘的一块在南北方向延展的狭长基地,基地西侧有一条小路通过,西-南-北三侧均有明确的建筑限定,东侧则临校园外部的一条林阴道。

【体块分割】设计根据周边道路环境和建筑形体关系,在狭长形的基地上将建筑体块再次划分为东西两条更狭长的体块,以此应对南北两侧原有建筑的形体和空间关系,接下来则重点讨论与东西两侧不同道路和建筑环境的关系上。

【虚实分化】首先,出于对两侧不同道路的考虑,西侧道路为校园内部道路,相对比较狭窄和安静,因此将建筑西侧体块下部退让道路并虚化,以扩大空间感,作为入口;东侧林阴道为外部城市支路,相对较嘈杂,因此将东侧体块下部布置较封闭的内部服务功能,以隔离干扰。再者,出于对两侧不同环境和光线的考虑,西侧相邻建筑过于接近,光线不佳,因此建筑西侧体块上部空间处理较封闭,布置为开架书库和研究室;东侧林阴道上空则有可能提供相对合适的光线,因此建筑东侧体块上部空间处理较开放,布置为阅览区。

【评介】由此,建筑最终在横剖面上形成对角线方向发展的虚实空间和体块关系。一方面,主要的公共空间相对开放,由西侧下部退让狭窄道路后进入,接着往斜上方引导,进入东侧上部,经过林阴道上空过滤的光线将由此向内弥散。另一方面,内部服务,书库及研究部分则相对封闭,其布置方向正好与公共空间相反,两者互为补充,共同应对周边环境,并获得相对安静和独立的内部空间。

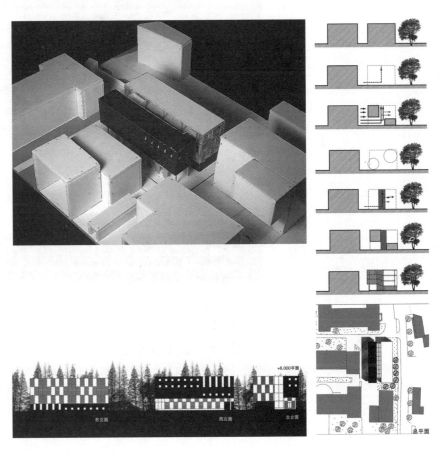

图 9-22 学生作业:校区图书
        馆(柴文远)

7.由公共界面发展出的层状结构（社区图书馆,设计:刘璐 2011 年）
（图 9–23）

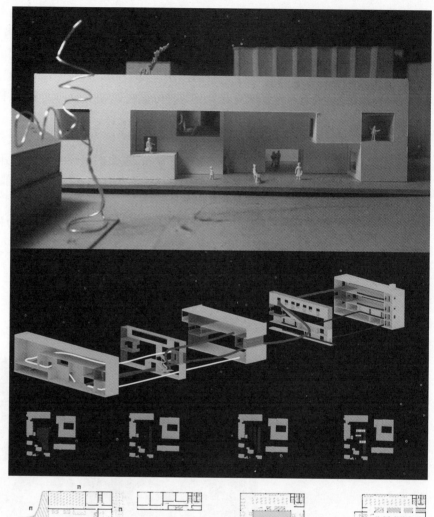

图 9–23　学生作业：社区图
　　　　　书馆(刘璐)

　　【基地】图书馆位于校东宿舍区,东临主要的社区道路,且与食堂相对;道路往南有小型的配套商业服务。基地沿道路一侧由南至北逐渐放宽,呈不规则的长条形。

　　【公共界面】设计构思从面临道路的公共界面出发。道路对面为热闹的食堂,基地内部则要设置相对安静的图书阅览空间,这种看似极端的对立却促发了有趣的设计构思,即通过面向道路的公共界面,制造两者"相遇"的机会,由此构想出最初的场景:面向道路开口的公共界面,展现出大大小小、高低不同的活动空间(窗口或平台等)。

【层状空间体系】接下来的发展中,内部的图书阅览空间与公共界面的关系成为关键,二者既要相互独立又要适当联系。经过平面与剖面关系的反复梳理,最终形成纵向切片状的层状空间体系,由外向内依次为:公共展示空间(公共界面及其延伸)、主要借阅空间(包含有两层通高的大厅/中庭)、书架及内部办公空间(局部采用夹层)。这三个主要空间彼此相对独立,又局部连通。在三个主要空间之间则留出两道空间缝隙,由顶部引入光线,并在其中插入交通联系体。

【评介】通过发展出一种层状的空间结构,该设计最大限度地强化了原有构思,既突出了公共界面的厚度及与外部的"相遇",又保证了内部阅览及藏书区域的安静和独立,并在各层平面上顺应功能使用表现出适当的灵活性,从而有可能最终导向一种独特的空间特质和丰富的空间体验。

8.面向环境的空间分化、调整与整合(社区图书馆,设计:刘恩硕 2012 年)(图 9-24)

【基地】位于校东宿舍区主入口附近,北侧为主要入口道路和小型商业服务,东侧为现有小型公共活动绿地,西、北两侧均为现有居民楼。基地大致呈长方形,西北角略有倾斜转折。

【应对环境的空间分化和调整】设计从应对和利用周边社区环境出发,首先分化出大的空间体块:下层平台和上部体块——下部平台基本铺满基地以安排近地性的社区活动,北部内挖凹口形成主要入口和广场;上部体块悬浮于平台之上,为主要阅览空间,南北两侧均向内收,以满足日照及私密性等要求。接下来,考虑到东西两侧不同的建筑和景观条件,上部体块略向西侧偏移,以留出东侧的外廊与南北平台相连;同时,应对北侧道路的偏斜,下部平台也做出自然回应,向西北角延伸以契合道路。最后,因东西两侧的人流和环境条件的差异,下部平台最终分裂为东西两个不同的条带,且在高度上错开:东侧面向公共绿地,作为公共展示空间;西侧则作为内部服务体块(内设夹层);中间由通透的门厅相连。

【空间的整合】上述空间体块的分化应对了基地周边不同的环境条件,尽量规避了不必要的干扰并充分利用了环境资源。接下来,作为社区图书馆的主要功能,内部流线和功能组织的合理及高效则是必须要面对的另一个问题。对此,上部体块通过中庭和下部门厅相贯通;下部平台分化出来的西侧条带则局部上延,与上部体块咬合,形成完整连续的内部交通和服务体。

【评介】在相对紧凑的基地限定内,该设计通过体块分化、调整和整合,适应和利用了环境条件:既展现出一种放松的姿态,以利对外开放和亲民使用；又达成了内部的紧凑性，确保了主体空间的完整、连续和便捷。

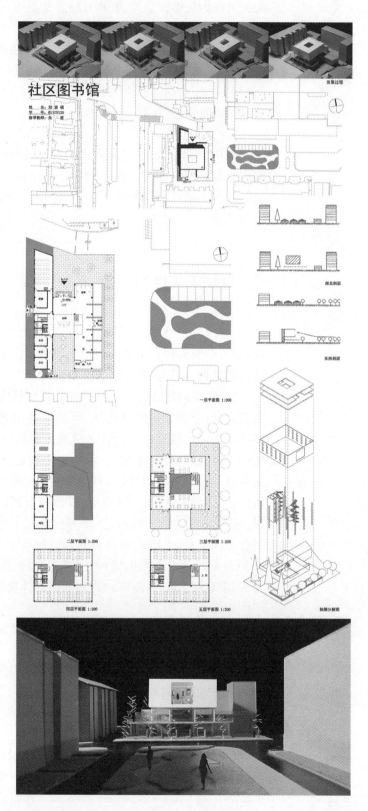

图 9-24　学生作业：社区图书馆(刘恩硕)

注　释：

1　鲍家声,杜顺宝.公共建筑设计基础.南京:南京工学院出版社,1986:61-72.

2　这一点与学院派不同。在前述学院派的"构图"中,功能和流线的问题主要在平面上展开。而在现代主义的设计中,尤其是随着钢筋混凝土框架形式的普遍应用,空间的区分和组织可以更多在剖面上进行,或两者结合,在立体空间中进行构成和组织。

3　Sigfried Giedion, *Space*, *Time and Architecture* (Cambridge, Mass.: Harvard University Press, fifth edition, 1967), 493.

4　Colin Rowe and Robert Slutzky, *Transparency*, with a Commentary by Bern Hoesli and an Intro. by Werner Oechslin, trans. Jori Walker (Basel; Boston; Berlin: Birkhäuser, 1997), 8-9.

5　通过场地来限定一个"紧凑的"设计,这一建议来自于参与合作教学指导的香港中文大学顾大庆老师。

6　这一点,与学院派"构图"原理中对功能和形体关系的研究也不无共同之处。详见本文第一章的内容。

7　最早的 "模数式" 图书馆为 1943 年开始设计,1952 年建成的美国艾奥瓦(Iowa)州立大学图书馆。本文的相关资料转引自:鲍家声编著.现代图书馆建筑设计.北京:中国建筑工业出版社,2002:57.

8　对此,国内图书馆建筑研究者鲍家声教授提出一种"模块式"的设计方法,参见:鲍家声编著.现代图书馆建筑设计.北京:中国建筑工业出版社,2002:59-64.

9　[荷]赫曼·赫兹伯格著;刘大馨,古红缨译.建筑学教程 2:空间与建筑师.天津:天津大学出版社,2003:50-51.

10　关于要素的选择与设计操作结果之间的关联性,可参见:William J.Mitchell, *Vitruvius Redux*. In:Erik Antonsson and Jonathan Cagan, ed., *Formal Engineering Design Synthesis*, (Cambridge University Press, 2001), 1-14.另可参见:顾大庆.空间、建构和设计——建构作为一种设计的工作方法.建筑师, 2006(01):13-21.

此外,在教学过程中,选择单一材料还是多种材料(或其先后不同顺序的安排),往往也都应对和表达了不同的设计思路,并导致不同的结果。

11　此段为该教案新一轮的操作过程和方法,主要来自于合作教学中香港中文大学建筑系顾大庆老师的建议,局部有所调整。

12　该设计作业被选送 2002 年(由全国高等学校建筑学学科专业指导委员会主办的)"晶艺杯"全国大学生建筑设计作业观摩与评选,获优秀作业奖,并在同年级组中排名第一。

13　该设计作业被选送 2007 年(由全国高等学校建筑学学科专业指导委员会主办的)"Revit 杯"全国大学生建筑设计作业观摩与评选,获优秀作业奖。

主要参考文献

中文著作：

[1] 辞海编辑委员会.辞海.上海：上海辞书出版社,2010.
[2] 朱光潜.西方美学史.北京：人民文学出版社,2004.
[3] 李泽厚.华夏美学.天津：天津社会科学出版社,2002.
[4] 赵敦华.西方哲学简史.北京：北京大学出版社,2001.
[5] 赵敦华.现代西方哲学新编.北京：北京大学出版社,2001.
[6] 汪原.迈向过程与差异性——多维视野下的城市空间研究：[博士学位论文].南京：东南大学建筑系,2002.
[7] 王贵祥.东西方的建筑空间：文化、空间图式及历史建筑空间论.北京：中国建筑工业出版社,1998.
[8] 朱文一.空间·符号·城市：一种城市设计理论.北京：中国建筑工业出版社,1993.
[9] 陈欣.中西建筑空间观念比较研究：[博士学位论文].南京：东南大学建筑研究所,1992.
[10] 齐康.建筑·空间·形态——建筑形态研究纲要.东南大学学报（自然科学版）,2000,30(01).
[11] 齐康主编.城市建筑.南京：东南大学出版社,2001.
[12] 彭一刚.建筑空间组合论.北京：中国建筑工业出版社,1983.
[13] 鲍家声,杜顺宝.公共建筑设计基础.南京：南京工学院出版社,1986.
[14] 田学哲.建筑初步.第 2 版.北京：中国建筑工业出版社,1999.
[15] 冯纪忠."空间原理"(建筑空间组合)原理述要.同济大学学报,1978(02):1-9.
[16] 张毓峰,崔艳.建筑空间形式系统的基本构想.建筑学报,2002(09):55-57.
[17] 曲茜.迪朗及其建筑理论.建筑师,2005(08):40-57.
[18] 徐沛君编著.蒙德里安论艺.北京：人民美术出版社,2002.
[19] 裔萼编著.康定斯基论艺.北京：人民美术出版社,2002.
[20] 顾大庆.空间、建构和设计——建构作为一种设计的工作方法.建筑师,2006(01):13-21.
[21] 贾倍思.型和现代主义.北京：中国建筑工业出版社,2003.
[22] 马卫东,白德龙主编.建筑素描：伊东丰雄专辑.宁波：宁波出版社,2006.
[23] 建筑要素造型研究(系列论文,包括：山墙；屋顶；窗；入口；阶梯)：[硕士学位论文].南京：东南大学建筑研究所,1996-1997.
[24] 刘永德.建筑空间的形态·结构·涵义·组合.天津：天津科学技术出版社,1998.
[25] 南舜薰,辛华泉.建筑构成.北京：中国建筑工业出版社,1990.
[26] 彭一刚.中国古典园林分析.北京：中国建筑工业出版社,1986.
[27] 丁沃沃.环境·空间·建构——二年级建筑设计入门教程研究.建筑师,总第 90 期：84-88.
[28] 张雷.结构单元与形式秩序——从两个设计谈起.建筑师,总第 81 期：54-57.
[29] 吉国华."苏黎世模型"——瑞士 ETH-Z 建筑设计基础教学的思路与方法.建筑师,总第 94 期：77-81.
[30] 冯金龙,张雷,丁沃沃.欧洲现代建筑解析——形式的建构.南京：江苏科学技术出版社,1999.
[31] 东南大学建筑系.东南大学建筑教育发展思路新探.时代建筑,2001(增刊)：16-19.

[32]　鲍家声编著.现代图书馆建筑设计.北京:中国建筑工业出版社,2002.

[33]　贾倍思.建筑学造型原理的训练.世界建筑导报,2000(增刊,香港大学建筑教育专集):76-79.

[34]　顾大庆.设计与视知觉.北京:中国建筑工业出版社,2002.

[35]　朱雷,鲍莉.结构有序的教学法探讨(研究计划).武汉:全国建筑教育研讨会,2002.

[36]　鲍莉,朱雷,陈秋光等.结构有序的教学法研究与实践——关于二年级建筑设计教与学.见:全国高等学校建筑学学科专业指导委员会,沈阳建筑大学主编.2005建筑教育国际学术研讨会论文.沈阳:辽宁科学技术出版社,2005:212-218.

[37]　朱雷."画"与"看"的思考——有关徒手和电脑的操作方式在建筑空间教学中的比较.见:东南大学建筑学院编.2003建筑教育国际论坛:全球化背景下的地区主义.南京:东南大学出版社,2005:264-266.

中文译著:

[1]　[德]黑格尔著;朱光潜译.美学.第一卷.北京:商务印书馆,1979.

[2]　[美]鲁道夫·阿恩海姆著;滕守尧,朱疆源译.艺术与视知觉.北京:中国社会科学出版社,1984.

[3]　[美]卡斯腾·哈里斯著;申嘉,陈朝晖译.建筑的伦理功能.北京:华夏出版社,2001.

[4]　[加]马歇尔·麦克卢汗著;何道宽译.理解媒介:论人的延伸.北京:商务印书馆,2000.

[5]　[法]吉尔·德勒兹著;刘汉全译.哲学与权力的谈判:德勒兹访谈录.北京:商务印书馆,2001.

[6]　[法]吉尔·德勒兹著;于奇智,杨洁译.福柯 褶子.长沙:湖南文艺出版社,2001.

[7]　[法]莫里斯·梅洛-庞蒂著;姜志辉译.知觉现象学.北京:商务印书馆,2001.

[8]　[瑞士]皮亚杰著;倪连生,王琳译.结构主义.北京:商务印书馆,2006.

[9]　[英]齐格蒙特·鲍曼著;欧阳景根译.流动的现代性.上海:上海三联书店,2002.

[10]　[美]马歇尔·伯曼著;徐大建,张辑译.一切坚固的东西都烟消云散了:现代性体验.北京:商务印书馆,2003.

[11]　[英]戴维·哈维著;阎嘉译.后现代的状况.北京:商务印书馆,2003.

[12]　[美]安乐哲讲演.温海明编.和而不同:比较哲学与中西会通.北京:北京大学出版社,2002.

[13]　[英]史蒂芬·霍金著;吴忠超译.果壳中的宇宙.长沙:湖南科学技术出版社,2002.

[14]　[美]阿·热著;荀坤,劳玉军译.可怕的对称:现代物理学中美的探索.长沙:湖南科学技术出版社,1996.

[15]　[美]米歇尔·沃尔德罗普著;陈玲译.复杂:诞生于秩序与混沌边缘的科学.北京:三联书店,1997.

[16]　[古罗马]维特鲁威著;高履泰译.建筑十书.北京:知识产权出版社,2001.

[17]　[美]肯尼斯·弗兰姆普敦著;张钦楠等译.现代建筑:一部批判的历史.北京:三联书店,2004.

[18]　[意]曼弗雷多·塔夫里,弗朗切斯科·达尔科著;刘先觉等译.现代建筑.北京:中国建筑工业出版社,2000.

[19]　[意]布鲁诺·赛维著;席云平译.现代建筑语言.北京:中国建筑工业出版社,1986.

[20]　[美]查尔斯·詹克斯著;李大夏摘译.后现代建筑语言.北京:中国建筑工业出版社,1986.

[21]　[英]尼古拉斯·佩夫斯纳,J.M.理查兹,丹尼斯·夏普编著;邓敬等译.反理

性主义者与理性主义者.北京:中国建筑工业出版社,2003.

[22] [美]查尔斯·詹克斯,卡尔·克罗普夫编著;周玉鹏等译.当代建筑的理论和宣言.北京:中国建筑工业出版社,2005.

[23] [美]杰伊.M.斯坦,肯特.F.斯普雷克尔迈耶编;王群等译.建筑经典读本.北京:中国水利水电出版社,知识产权出版社,2004.

[24] [英]乔弗莱·司谷特著;张钦楠译.人文主义建筑学:情趣史的研究.北京:中国建筑工业出版社,1989.

[25] [美]爱德华.T.霍尔著;刘建荣译.无声的语言.上海:上海人民出版社,1991.

[26] [日]芦原义信著;尹培桐译.外部空间设计.北京:中国建筑工业出版社,1984.

[27] [挪威]诺伯格-舒尔兹著;尹培桐译.存在·空间·建筑.北京:中国建筑工业出版社,1984.

[28] [英]杰里米·提尔著;冯路译.太多概念.建筑师,2005(06).

[29] [英]罗宾·米德尔顿,戴维·沃特金著;邹晓玲等译.新古典主义与19世纪建筑.北京:中国建筑工业出版社,2000.

[30] [英]彼得·柯林斯著;英若聪译.现代建筑设计思想的演变,第2版.北京:中国建筑工业出版社,1987.

[31] [法]勒·柯布西耶著;陈志华译.走向新建筑.西安:陕西师范大学出版社,2004.

[32] [英]尼古拉斯·佩夫斯纳著;殷凌云等译.现代建筑与设计的源泉.北京:三联书店,2001.

[33] [英]弗兰克·惠特福德著;林鹤译.包豪斯.北京:三联书店,2001.

[34] [美]程大锦著;刘丛红译.建筑:形式、空间和秩序.天津:天津大学出版社,2005.

[35] [法]勒·柯布西耶著.20世纪的生活和20世纪的建筑.见:[英]尼古拉斯·佩夫斯纳,J.M.理查兹,丹尼斯·夏普编著;邓敬等译.反理性主义者与理性主义者.北京:中国建筑工业出版社,2003:72-77.

[36] [荷]伯纳德·卢本等著;林尹星译.设计与分析.天津:天津大学出版社,2003.

[37] [美]彼得·埃森曼著;陈欣欣,何捷译.彼得·埃森曼:图解日志.北京:中国建筑工业出版社,2005.

[38] [荷]伯纳德·卢本,等著;林尹星译.设计与分析.天津:天津大学出版社,2003.

[39] [美]罗杰.H.克拉克,迈克尔·波斯著;汤纪敏译.世界建筑大师名作图析.北京:中国建筑工业出版社,1997.

[40] [英]葛瑞汉著;张海晏译.论道者:中国古代哲学论辩.北京:中国社会科学出版社,2003.

[41] [德]赫尔曼·哈肯著;凌复华译.协同学:大自然构成的奥秘.上海:上海译文出版社,2001.

[42] [美]保罗·拉索著;邱贤丰等译.图解思考:建筑表现技法.第3版.北京:中国建筑工业出版社,2002.

[43] [俄]瓦西里·康定斯基著;罗世平等译.康定斯基论点线面.北京:中国人民大学出版社,2003.

[44] [奥]卡米诺·西特著;仲德崑译.城市建设艺术:遵循艺术原则进行城市建设.南京:东南大学出版社,1990.

[45] [美]伊利尔·沙里宁著;顾启源译.形式的探索:一条处理艺术问题的基本途径.北京:中国建筑工业出版社,1989.

[46] [美]埃德蒙.N.培根著;黄富厢,朱琪译.城市设计.北京:中国建筑工业出版社,2003.

[47] [美]柯林·罗著;童明译.拼贴城市.北京:中国建筑工业出版社,2003.

[48] [美]罗伯特·文丘里著;周卜颐译.建筑的复杂性与矛盾性.北京:中国建筑工业出版社,1991.

[49] [日]小林克弘编著;陈志华,王小盾,许东亮译.建筑构成手法.北京:中国建筑工业出版社,2004.

[50] [荷]赫曼·赫兹伯格著;仲德崑译.建筑学教程:设计原理.天津:天津大学

出版社,2003.

[51]　[荷]赫曼·赫兹伯格著;刘大馨,古红缨译.建筑学教程 2:空间与建筑师.
天津:天津大学出版社,2003.

[52]　[日]原口秀昭著;谭纵波译.世界 20 世纪经典住宅设计:空间构成的比较
分析.台北:淑馨出版社,1997.

[53]　[日]芦原义信著;尹培桐译.外部空间设计.北京:中国建筑工业出版社,1984.

[54]　[美]爱德华.T.怀特著;林敏哲,林明毅译.建筑语汇.大连:大连理工大学
出版社,2001.

[55]　[法]勒·柯布西耶著.如果我来教你建筑学. 见:[英]尼古拉斯·佩夫斯纳,
J.M.理查兹,丹尼斯·夏普编著;邓敬等译.反理性主义者与理性主义者.北
京:中国建筑工业出版社,2003:78–83.

[56]　[德]托马斯·史密特著;肖毅强译.建筑形式的逻辑概念.北京:中国建筑
工业出版社,2003.

外文著作:

[1]　Sir Banister Fletcher, *A History of Architecture* (New York: Charles Scribner's Sons, 18th edition, revised by J.C. Palmes, 1975).

[2]　John Summerson, *The Classic Language of Architecture* (London: Thames and Hudson, reversed and enlarged edition 1980).

[3]　Kenneth Frampton, *Modern Architecture: A Critical History* (New York: Thames and Hudson, 1992).

[4]　Heinrich Klotz, *The History of Postmodern Architecture*, trans. Radka Donnell (Cambridge, Mass.: the MIT Press, 1988).

[5]　*Wikipedia, the free encyclopedia*: http://en.wikipedia.org/wiki.

[6]　K. Michael Hays, ed. *Architecture Theory Since 1968* (Cambridge, Mass.: The MIT Press, 1998).

[7]　Neil Leach, ed., *Rethinking Architecture: A Reader in Cultural Theory* (London: Routledge, 1997).

[8]　Bernard Tschumi & Matthew Berman, ed., *Index Architecture: a Columbia Architecture Book* (Cambridge, Mass.: The MIT Press, 2003).

[9]　K. Michael Hays, ed., *Oppositions Reader: Selected Readings from A Journal for Ideas and Criticism in Architecture, 1973–1984* (New York: Princeton Architectural Press, c1998).

[10]　Adrian Forty, *Words and Buildings: A Vocabulary of Modern Architecture* (New York: Thames & Hudson, 2000).

[11]　Adolf Loos, *The Principle of Cladding*. In:Max Risselada, ed., *Raumplan Versus Plan Libre* (New York: Rizzoli, 1988), 135–145.

[12]　Gottfried Semper, *The Four Elements of Architecture and Other Writings*, trans. Harry Francis Mallgrave and Wolfgang Herrmann (New York: Cambridge University Press, 1989).

[13]　Cornelis Van de Ven, *Space in Architecture* (Assen, The Netherlands: Van Gorcum, third revised edition, 1987).

[14]　Sigfried Giedion, *Space, Time and Architecture* (Cambridge, Mass.: Harvard University Press, fifth edition, 1967).

[15]　Bruno Zevi, *Architecture as Space: How to Look at Architecture*, trans. Milton Gendel (New York: Horizon Press, 1957).

[16]　Henri Lefebvre, *The Production of Space* (Extracts). In:Neil Leach, ed., *Rethinking Architecture: A Reader in Cultural Theory* (London: Routledge, 1997), 139–146.

[17]　Bernard Tschumi, *Architecture and Disjunction* (Cambridge, Mass.: The MIT Press, 1994).

[18] Christian Norberg-Schulz, *Architecture: Presence, Language & Place* (Milan, Italy: Skira Editore, 2000).

[19] Colin Rowe, *Chicago Frame.* In: Colin Rowe, *The Mathematics of the Ideal Villa and Other Essays* (Cambridge, Mass.: The MIT Press, 1976), 89–117.

[20] Bill Hillier and Julienne Hanson, *The Social Logic of Space* (London: Cambridge University Press, 1984).

[21] R. E. Somol, *Dummy Text, or Diagrammatic Basis for Contemporary Architecyure*, introd. of Peter Eisenman, *Diagram Diaries* (New York: Universe, 1999),6–25.

[22] *Architecture and Its Image: Four Centuries of Architectural Representation* (Montreal: Canadian Centre for Architecture, 1989).

[23] Rob Krier, *Architectural Composition* (London: Academy Edition, 1988).

[24] Thomas Thiis-Evensen, *Archetype in Architecture* (Oslo :Norwegian University Press, 1987).

[25] Howard Robertson, *Architectural Composition* (London: The Architectural Press, 1924).

[26] Reyner Banham, *Theory and Design in the First Machine Age* (London: Butterworth Architecture, 1st paperback edition, 1972).

[27] Alexander Caragonne, *The Texas Rangers: Notes from an Architectural Underground* (Cambridge, Mass.: The MIT Press, 1994).

[28] *Five Architects: Eisenman, Graves, Gwathmey, Hejduk, Meier* (New York: Oxford University Press, 1975).

[29] Timothy Love, *Kit-of-parts Conceptualism*, Harvard Deign Magazine (Fall 2003/Winter 2004), 40–47.

[30] Robin Evans, *Architectural Projection*, in *Architecture and its Image: Four Centuries of Architectural Representation* (Montreal: Canadian Centre for Architecture, 1989), 19–35.

[31] William J. Mitchell, *The Logic of Architecture: Design, Computation, and Cognition* (Cambridge, Mass.: The MIT Press, 1990).

[32] 磯崎新.空間へ.東京:美術出版社,1984.

[33] 井上充夫.日本建築の空間.東京:鹿島出版会,1986.

[34] 神代雄一郎.日本建築の空間.東京:至文堂,1986.

[35] 吉村貞司.日本の空間構造.東京:鹿島出版会,1982.

[36] 東孝光.日本人の建築空間:私たちの祖先はいかに創ってきたか.東京:彰国社,1981.

[37] Sergio Villari, *J–N–L Durand, 1760–1834: Art and Science of Architecture*, trans. Eli Gottlieb (New York: Rizzoli, 1990).

[38] Arthur Drexler, ed., *The Architecture of The Ecole des Beaux-Arts* (New York: The Museum of Modern Art, 1976).

[39] Robin Middleton, ed., *The Beaux-Arts and Nineteeth-century Frech Architecture* (Cambridge, Mass.: The MIT Press, 1982).

[40] Arthur Stratton, *Elements of Form & Design in Classic Architecture* (London: Herbert Reiach, 1925).

[41] Max Risselada, ed., *Raumplan Versus Plan Libre* (New York: Rizzoli, 1988).

[42] *Le Corbusier Œuvre Complète*, Volume 1, 1910–1929. (Zurich: Les Editions d'Architecture, c1964).

[43] Jacques Guiton, ed., *The Ideas of Le Corbusier on Architecture and Urban Planning*, trans., Margaret Guiton (New York: George Braziller, 1981).

[44] Colin Rowe, *Chicago Frame.* In:Colin Rowe, *The Mathematics of the Ideal Villa and Other Essays* (Cambridge, Mass.: The MIT Press, 1976), 89–117.

[45] Wim J. van Heuvel, *Structuralism in Dutch Architecture* (Rotterdam: Uit-

geverij 010 Publishers, 1992).

[46] Jurgen Joedicke, *Space and Form in Architecture* (Stuttgart: Karl Kramer Verlag, 1985).

[47] *Studied and Executed Buildings by Frank Lloyd Wright* (London : Architectural Press Ltd., 1986).

[48] Bruce Brooks Pfeiffer and Gerald Nordland, ed., *Frank Lloyd Wright in the Realm of Ideas* (Carbondale: Southern Illinois University Press, 1988).

[49] Paul Overy, *De Stijl* (London: Thames and Hudson, c1991).

[50] Frank Lloyd Wright, *The Cardboard House.* 见:[美]杰伊.M.斯坦,肯特.F.斯普雷克尔迈耶编;王群等译.建筑经典读本.北京:中国水利水电出版社知识产权出版社,2004:387-398.

[51] Franz Schulze, *Mies Van Der Rohe: A Critical Biography* (Chicago: The University of Chicago Press, 1985).

[52] Robin Evans, *Mies Van der Rohe's Paradoxical Symmetries*, AA Files 19 (Spring, 1990), 56-69.

[53] Rudolf Wittkower, *Architectural Principle: in the Age of Humanism* (London: Academy Edition, 1988).

[54] Rosemarie Haag Bletter, *Opaque Transparency*, Oppositions 13(1978), 115-120.

[55] Colin Rowe and Robert Slutzky, *Transparency*, with a Commentary by Bern Hoesli and an Intro. by Werner Oechslin, trans. Jori Walker (Basel; Boston; Berlin: Birkhäuser, 1997).

[56] Rafael Moneo, *The Work of John Heduck or the Passion to Teach*, Lotus international 27 (1980/ II), 65-85.

[57] Peter Eisenman, *Diagram Diaries* (New York: Universe, 1999).

[58] John Hejduk, *Mask of Medusa* (New York: Rizzoli International Publications, Inc., 1985).

[59] John Hejduk and Roger Canon, *Education of an Architect: A Point of View, the Cooper Union School of Art & Architecture* (New York: The Monacelli Press, 1999).

[60] *Eisenman Architects: Selected and Current Works* (Mulgrave, Australia: The Image Publishing Group Pty Ltd., 1995).

[61] Peter Eisenman, *Aspects of Modernism: Maison Dom-ino and Self-Reference Sign.* In:K. Michael Hays, ed., *Oppositions Reader: Selected Readings from A Journal for Ideas and Criticism in Architecture, 1973-1984* (New York: Princeton Architectural Press, c1998), 188-198.

[62] Mario Gandelsonas, *From Structure to Subject, The Formation of an Architectural Language.* In: K. Michael Hays, ed., *Oppositions Reader: Selected Readings from A Journal for Ideas and Criticism in Architecture, 1973-1984* (New York: Princeton Architectural Press, c1998), 200-203.

[63] Peter Eisenman, *House X* (New York : Rizzoli, 1982).

[64] Peter Eisenman, *Re-working Eisenman* (London: Academy Editions , 1993).

[65] Jonathan Block Friedman, *Creation in Space: a course in the fundamentals of architecture, volume 1: Architectonics* (Dubuque, Iowa: Kendall/Hunt Publishing Company, 1989).

[66] H.Kramel, *Basic Design & Design Basic* (Zurich, Switzerland: ETHZ, 1996).

[67] Bernard Leupen & etc., *Design and Analysis* (New York: Van Nostrand Reinhld, 1997).

[68] Ron Kasprisin and James Pettinari, *Visual Thinking for Architects and Designers: Visualizing Context in Design* (New York: Van Nostrand Reinhold, 1995).

[69] Georg Simmel, *Bridge and Door*. In:Neil Leach, ed., *Rethinking Architecture: A Reader Cultural Theory* (London: Routledge, 1997), 66–69.

[70] Douglas Graf, *Diagrams*, Perspecta 22 (1986), 42–71.

[71] Francis D. K. Ching, *Architecture: Form, Space & Order* (New York: Van Nostrand Reinhold, 1979).

[72] Francis D.K. Ching, *Building Construction Illustration* (New York: Van Nostrand Reinhold, 1975).

[73] Francis D.K. Ching, *Interior Design Illustrated* (New York: Van Nostrand Reinhold, 1987).

[74] David Van Zanten, *Architectural Composition at The Ecole des Beaux−Arts From Charles Percier to Charles Garnier*. In: Arthur Drexler, ed., *The Architecture of The Ecole des Beaux−Arts* (New York: The Museum of Modern Art, 1976), 111–290.

[75] Peter Eisenman, *Post−Functionalism*. In: K. Michael Hays, ed., *Oppositions Reader: Selected Readings from A Journal for Ideas and Criticism in Architecture, 1973 −1984* (New York: Princeton Architectural Press, c1998), 9–12.

[76] Colin Rowe, *The Mathematics of the Ideal Villa and Other Essays* (Cambridge, Mass.: The MIT Press, 1976).

[77] Christopher Alexander, *Goodness of Fit*. 见:[美]杰伊.M.斯坦,肯特.F.斯普雷克尔迈耶编;王群,等译.建筑经典读本.北京:中国水利水电出版社,知识产权出版社,2004:353–362.

[78] Bruno Zevi, *Listing as Design Methodology and Asymmetry and Dissonance*. 见:[美]杰伊.M.斯坦,肯特.F.斯普雷克尔迈耶编;王群,等译.建筑经典读本,北京:中国水利水电出版社,知识产权出版社,2004:141–153.

[79] Yukio Futagawa, ed., *GA Architect 13: Hiroshi Hara* (Tokyo: A.D.A. Edita, 1993).

[80] Hiroshi Hara, *Discrete City* (Tokyo: Toto Shuppan, 2004).

[81] 原广司.空间「機能から様相へ」.東京:岩波書店, 1987.

[82] Bill Hillier,*Space is the Machine: a configurational theory of architecture* (London: Cambridge University Press, 1996).

[83] Pierre von Meiss, *Elements of Architecture: From Form to Place*, trans. Katherine Henault (New York: Van Nostrand Reinhold, 1990).

[84] Simon Unwin, *Analysing Architecture* (London: Routledge, 2nd edition, 2003).

[85] Bernard Tschumi, with essays by Jacques Derrida and Anthony Vidler; interview by Alvin Boyarsky, *La case vide: La Villette, 1985* (London: Architectural Association, 1986).

[86] Bernard Tschumi, *An Urban Park for the 21st. Century, in Paris 1979−1989*, coordinated by Sabine Fachard, trans. Bert McClure (New York: Rizzoli International Publications, 1988).

[87] Robert Venturi, *Complexity and Contradiction in Architecture* (New York: The Museum of Modern Art Papers on Architecture Ⅰ, 1966).

[88] Bernard Tschumi, *Event−Cities* (Cambridge, Mass.: The MIT Press, 1999).

[89] Geoffrey H. Baker, *Le Corbusier: An Analysis of form* (Hong Kong: Van Nostrand Reinhold, 1989).

[90] Sir Banister Fletcher, *A History of Architecture on the Comparative Method* (London: Athlone Press, 17th edition,1961).

[91] William J. Mitchell, *Vitruvius Redux*. In: Erik Antonsson and Jonathan Cagan, ed., *Formal Engineering Design Synthesis*, (Cambridge University Press, 2001), 1–14.

[92] John Hejduk, Elizabeth Diller, Diane Lewis, and Kim Shkapich, ed., *Education of an Architect*, *Volume 2* (New York: Rizzoli International Publications, 1988).

[93] Robert Slutzky, *Introduction to Cooper Union*, Lotus international 27 (1980/ Ⅱ), 64.

[94] Iain Fraser & Rod Henmi, Envision Architecture: An Analysis of Drawing (New York: Van Nostrand Reinhold, 1994).

图片来源

第一章

图 1-1,图 1-6:[英]罗宾·米德尔顿,戴维·沃特金著;邹晓玲等译.新古典主义与19世纪建筑.北京:中国建筑工业出版社,2000.

图 1-2:[英]彼得·柯林斯著;英若聪译.现代建筑设计思想的演变,第 2 版.北京:中国建筑工业出版社,1987.

图 1-3,图 1-4:曲茜.迪朗及其建筑理论.建筑师,总第 116 期,2005(08):40-57.

图 1-5:Howard Robertson, *Architectural Composition* (London: The Architectural Press, 1924).

图 1-7:Leslie Van Duzer & Kent Kleinman, *Villa Müller: A Work of Adolf Loos*, foreword by John Hejduk (New York: Princeton University Press, c1994).

图 1-8:[法]勒·柯布西耶著;陈志华译.走向新建筑.西安:陕西师范大学出版社,2004.

图 1-9,图 1-10:Sigfried Giedion, *Space, Time and Architecture* (Cambridge, Mass.: Harvard University Press, fifth edition, 1967).

第二章

图 2-1:Richard Weston, *Materials, form and Architecture* (New Haven, CT: Yale University Press, 2003).

图 2-2:[法]勒·柯布西耶著;陈志华译.走向新建筑.西安:陕西师范大学出版社,2004.

图 2-3:[英]罗宾·米德尔顿,戴维·沃特金著;邹晓玲等译.新古典主义与19世纪建筑.北京:中国建筑工业出版社,2000.

图 2-4,图 2-5,图 2-14:[美]肯尼斯·弗兰姆普敦著;张钦楠等译.现代建筑:一部批判的历史.北京:三联书店.2004.

图 2-6:Reyner Banham, *Theory and Design in the First Machine Age* (London: Butterworth Architecture, 1st paperback edition, 1972).

图 2-7:[英]尼古拉斯·佩夫斯纳著;殷凌云等译.现代建筑与设计的源泉.北京:三联书店,2001.

图 2-8:*Le Corbusier Œuvre Complète*, Volume 1, 1910-1929. (Zurich: Les Editions d'Architecture, c1964).

图 2-9:William J. Mitchell, *The Logic of Architecture: Design, Computation, and Cognition* (Cambridge, Mass.: The MIT Press, 1990).

图 2-10:Sigfried Giedion, *Space, Time and Architecture* (Cambridge, Mass.: Harvard University Press, fifth edition, 1967).

图 2-11:Francis D. K. Ching, *Architecture: Form, Space & Order* (New York: Van Nostrand Reinhold, 1979).

图 2-12,图 2-13:*Global Architecture*, GA, No. 27.

图 2-15:Wim J. van Heuvel, *Structuralism in Dutch Architecture* (Rotterdam: Uitgeverij 010 Publishers, 1992).

图 2-16:Herman van Bergeijk, *Herman Hertzberger* (Basel; Boston; Berlin: Birkhäuser Verlag, 1997).

第三章

图 3-1,图 3-4:Jurgen Joedicke, *Space and Form in Architecture* (Stuttgart: Karl Kramer Verlag, 1985).

图 3-5, 图 3-6:Bruce Brooks Pfeiffer and Gerald Nordland, ed., *Frank Lloyd Wright in the Realm of Ideas* (Carbondale: Southern Illinois University Press, 1988).

图 3-7:http://faculty.evansville.edu/rl29/art105/sp04/art105-19.html.

图 3-8:[美]肯尼斯·弗兰姆普敦著;张钦楠等译.现代建筑:一部批判的历史.北京:三联书店,2004.

图 3-9:[英]尼古拉斯·佩夫斯纳著;殷凌云等译.现代建筑与设计的源泉.北京:三联书店,2001.

图 3-10, 图 3-11:Reyner Banham, *Theory and Design in the First Machine Age* (London: Butterworth Architecture, 1st paperback edition, 1972).

图 3-12:Richard Weston, *Materials, form and Architecture* (New Haven, CT: Yale University Press, 2003).

图 3-13:Pierre von Meiss, *Elements of Architecture: From Form to Place*, trans. Katherine Henault (New York: Van Nostrand Reinhold, 1990).

图 3-14:Franz Schulze, ed., *Mies van Der Rohe: Critical Essays* (New York: Museum of Modern Art, c1989).

第四章

图 4-1:Alexander Caragonne, *The Texas Rangers: Notes from an Architectural Underground* (Cambridge, Mass.: The MIT Press, 1994).

图 4-2:[美]肯尼斯·弗兰姆普敦著;张钦楠等译.现代建筑:一部批判的历史.北京:三联书店,2004.

图 4-3:Rudolf Wittkower, *Architectural Principle: in the Age of Humanism* (London: Academy Edition, 1988).

图 4-4~图 4-7:Colin Rowe and Robert Slutzky, *Transparency*, with a Commentary by Bern Hoesli and an Intro. by Werner Oechslin, trans. Jori Walker (Basel; Boston; Berlin: Birkhäuser, 1997).

图 4-8:John Hejduk, *Mask of Medusa* (New York: Rizzoli International Publications, Inc., 1985).

图 4-9~图 4-12:Rafael Moneo, *The Work of John Heduck or the Passion to Teach*, Lotus international 27 (1980/Ⅱ), 65-85.

图 4-13:*Eisenman Architects: Selected and Current Works* (Mulgrave, Australia: The Image Publishing Group Pty Ltd., 1995).

图 4-14:[美]彼得·埃森曼著;[韩]C3 设计;杨晓峰译. 彼得·埃森曼.郑州:河南科学技术出版社,2004.

图 4-15:Peter Eisenman, *Aspects of Modernism: Maison Dom-ino and Self-Reference Sign*. In:K. Michael Hays, ed., *Oppositions Reader: Selected Readings from A Journal for Ideas and Criticism in Architecture, 1973-1984* (New York: Princeton Architectural Press, c1998), 188-198.

图 4-16:H. Kramel, *Basic Design & Design Basic* (Zurich, Switzerland: ETHZ, 1996).

图 4-17:Jonathan Block Friedman, *Creation in Space: A Course in the Fundamentals of Architecture, volume 1: Architectonics* (Dubuque, Iowa: Kendall/Hunt Publishing Company, 1989).

图 4-18:顾大庆.空间、建构和设计——建构作为一种设计的工作方法.建筑师,总第 119 期,2006(01):13-21.

第五章

图 5-1,图 5-23:Bernard Leupen & etc., *Design and Analysis* (New York：Van Nostrand Reinhld, 1997).

图 5-2:John Hejduk, *Mask of Medusa* (New York：Rizzoli International Publications, Inc., 1985).

图 5-3:[美]保罗·拉索著;邱贤丰等译.图解思考:建筑表现技法.第 3 版.北京：中国建筑工业出版社,2002.

图 5-4:[俄]瓦西里·康定斯基著;罗世平等译.康定斯基论点线面.北京：中国人民大学出版社,2003.

图 5-5:Francis D. K. Ching, *Architecture：Form, Space & Order* (New York：Van Nostrand Reinhold, 1979).

图 5-6:William J. Mitchell, *The Logic of Architecture：Design, Computation, and Cognition* (Cambridge, Mass.：The MIT Press, 1990).

图 5-7,图 5-20,图 5-21:[美]埃德蒙·N.培根著;黄富厢,朱琪译.城市设计.北京：中国建筑工业出版社,2003.

图 5-8~图 5-10:Douglas Graf, *Diagrams*, Perspecta 22 (1986), 42-71.

图 5-11, 图 5-12:Sir Banister Fletcher, *A History of Architecture* (New York：Charles Scribner's Sons, 18th edition, revised by J.C. Palmes, 1975).

图 5-13:[美]柯林·罗著;童明译.拼贴城市.北京：中国建筑工业出版社,2003.

图 5-14:彭一刚.中国古典园林分析.北京：中国建筑工业出版社,1986.

图 5-15:Pierre von Meiss, *Elements of Architecture：From Form to Place*, trans. Katherine Henault (New York：Van Nostrand Reinhold, 1990).

图 5-16:Colin Rowe and Robert Slutzky, *Transparency*, with a Commentary by Bern Hoesli and an Intro. by Werner Oechslin, trans. Jori Walker (Basel；Boston；Berlin：Birkhäuser, 1997).

图 5-17:Francis D.K. Ching, *Building Construction Illustration* (New York：Van Nostrand Reinhold, 1975).

图 5-18,图 5-22:Adrian Forty, *Words and Buildings：A Vocabulary of Modern Architecture* (New York：Thames & Hudson, 2000).

图 5-19:Richard Weston, *Materials, Form and Architecture* (New Haven, CT：Yale University Press, 2003).

图 5-24:*El Croquis 53 + 79：OMA/Rem Koolhaas 1987-1998*, (Spain：EL croquis editorial, 1998).

第六章

图 6-1~图 6-3:Howard Robertson, *Architectural Composition* (London：The Architectural Press, 1924).

图 6-4,图 6-14~图 6-16,图 6-20:Bernard Leupen & etc., *Design and Analysis* (New York：Van Nostrand Reinhld, 1997).

图 6-5,图 6-21:William J. Mitchell, *The Logic of Architecture：design, computation, and cognition* (Cambridge, Mass.：The MIT Press, 1990).

图 6-6:Francis D.K. Ching, *Interior Design Illustrated* (New York：Van Nostrand Reinhold, 1987).

图 6-7,图 6-18:Wim J. van Heuvel, *Structuralism in Dutch Architecture* (Rotterdam：Uitgeverij 010 Publishers, 1992).

图 6-8:Bill Hillier,*Space is the Machine：A Configurational Theory of Architecture* (London：Cambridge University Press, 1996).

图 6-9:Pierre von Meiss, *Elements of Architecture：From Form to Place*, trans. Katherine Henault (New York：Van Nostrand Reinhold, 1990).

图 6-10:Simon Unwin, *Analysing Architecture* (London：Routledge, 2nd edition,

2003).

图 6-11:Bruno Zevi, *Listing as Design Methodology and Asymmetry and Dissonance*. 见:[美]杰伊.M.斯坦,肯特.F.斯普雷克尔迈耶编;王群等译.建筑经典读本.北京:中国水利水电出版社,知识产权出版社,2004:141-153.

图 6-12,图 6-13,图 6-24:Colin Rowe and Robert Slutzky, *Transparency*, with a Commentary by Bern Hoesli and an Intro. by Werner Oechslin, trans. Jori Walker (Basel;Boston;Berlin:Birkhäuser, 1997).

图 6-17:[日]芦原义信著;尹培桐译.外部空间设计.北京:中国建筑工业出版社,1984.

图 6-19:新建筑(Shinkenchikn)2005(05).

图 6-22:[挪威]诺伯格-舒尔兹著;尹培桐译.存在·空间·建筑.北京:中国建筑工业出版社,1984.

图 6-23:[美]柯林·罗著;童明译.拼贴城市.北京:中国建筑工业出版社,2003.

图 6-25:Yukio Futagawa, ed., *GA Architect 13:Hiroshi Hara* (Tokyo:A.D.A. Edita, 1993).

图 6-26:*Eisenman Architects:Selected and Current Works* (Mulgrave, Australia:The Image Publishing Group Pty Ltd., 1995).

第七章

图 7-1,图 7-5:[美]肯尼斯·弗兰姆普敦著;张钦楠等译.现代建筑:一部批判的历史.北京:三联书店,2004.

图 7-2,图 7-3:Bernard Leupen & etc., *Design and Analysis* (New York:Van Nostrand Reinhld, 1997).

图 7-4:*Global Architecture (GA)*, No. 27.

第八章

图 8-1:[美]肯尼斯·弗兰姆普敦著;张钦楠等译.现代建筑:一部批判的历史.北京:三联书店,2004.

图 8-2:[意]曼弗雷多·塔夫里,弗朗切斯科·达尔科著;刘先觉等译.现代建筑.北京:中国建筑工业出版社,2000.

图 8-3~图 8-5:Wim J. van Heuvel, *Structuralism in Dutch Architecture* (Rotterdam:Uitgeverij 010 Publishers, 1992).

图 8-6:Heinz Ronner & Sharad Jhaveri, *Louis I. Kahn:Complete Work 1935-1974* (Basel;Boston;Berlin:Birkhäuser, 1987).

图 8-7,图 8-8:冯金龙,张雷,丁沃沃.欧洲现代建筑解析:形式的建构.南京:江苏科学技术出版社,1999.

图 8-9:大师系列丛书编辑部编著.妹岛和世+西泽立卫的作品与思想.北京:中国电力出版社,2005.

图 8-10:Yukio Futagawa, ed., *GA Architect 17:Toyo Ito (1970-2001)* (Tokyo:A.D.A. Edita, 2001).

图 8-12:[荷]赫曼·赫兹伯格著;刘大馨,古红缨译.建筑学教程 2:空间与建筑师.天津:天津大学出版社,2003.

第九章

图 9-1:[美]保罗·拉索著;邱贤丰等译.图解思考:建筑表现技法.第 3 版.北京:中国建筑工业出版社,2002.

图 9-2,图 9-11:鲍家声,杜顺宝.公共建筑设计基础.南京:南京工学院出版社,1986.

图 9-3:Sigfried Giedion, *Space, Time and Architecture* (Cambridge, Mass.:Harvard University Press, fifth edition, 1967).

图 9-4:Colin Rowe and Robert Slutzky, *Transparency*, with a Commentary by

Bern Hoesli and an Intro. by Werner Oechslin, trans. Jori Walker (Basel；Boston；Berlin：Birkhäuser，1997).

图 9-5：冯金龙，张雷，丁沃沃.欧洲现代建筑解析：形式的建构.南京：江苏科学技术出版社，1999.

图 9-6：*Louis Kahn*：*Light and Space* (Basel；Boston；Berlin：Birkhäuser，1993).

图 9-7：*El Croquis 53 + 79*：*OMA/Rem Koolhaas 1987-1998* (Spain：EL croquis editorial，1998).

图 9-8：*Detail 2005/3*.

图 9-9：马卫东，白德龙主编.建筑素描：伊东丰雄专辑.宁波：宁波出版社，2006.

图 9-12：[荷]赫曼·赫兹伯格著；刘大馨，古红缨译.建筑学教程 2：空间与建筑师.天津：天津大学出版社，2003.

图 9-13：鲍家声主编.图书馆建筑设计手册.北京：中国建筑工业出版社，2004.

图 9-14：SD 256 槇文彦 1979-1986.東京：鹿島出版会，1986.

图 9-15：马卫东，白德龙主编.建筑素描：伊东丰雄专辑.宁波：宁波出版社，2006.

注：除以上注明出处外，其他图片均为作者拍摄、整理。

人名汉译对照表

Albers, Josef	约瑟夫·艾伯斯
Alexander, Christopher	克里斯多夫·亚历山大
Arets, Wiel	威尔·阿雷茨
Arnheim, Rudolf	鲁道夫·阿恩海姆
Bacon, Edmund N.	埃德蒙·N. 培根
Bakema, Jaap	巴克马
Banham, Reyner	雷纳·班汉姆
Barry, C.	C. 巴里
Bertin, Vito	维托·柏庭卫
Botta, Mario	马里奥·博塔
Boullée, Étienne-Louis	艾蒂安-路易·布雷
Blondel, Jacques-Francois	弗朗索瓦·布隆代尔
Choisy, Auguste	奥古斯特·肖瓦西
Chomsky, Noam	诺姆·乔姆斯基
Cordenmoy, Abbé de	科德穆瓦
Daly, Cesar	西萨·达利
Doesburg, Theo van	提奥·凡·杜斯堡
Durand, Jean-Nicolas-Louis	J. N. L. 迪朗
Eisenman, Peter	彼得·埃森曼
Eyck, Aldo van	阿尔多·凡·艾克
Forty, Adrian	阿德里安·福蒂
Foster, Norman	诺曼·福斯特
Frampton, Kenneth	肯尼斯·弗兰姆普敦
Frieman, Jonathan Block	弗理曼
Fuller, R. B.	理查·布克明斯特·富勒
Garnier, Tony	托尼·加尼尔
Garnier, Jean-Louis-Charles	让-路易-夏尔·加尼尔
Graf, Douglas	道格拉斯·格拉芙
Gris, Juan	胡安·格里斯
Guadet, Julien	于连·加代
Gabriel, Ange-Jacques	安热-雅克·加布里埃尔
Giedion, Sigfried	西格弗里德·吉迪翁
Grassi, Giorgio	G. 格拉西
Gropius, Walter	沃特·格罗皮乌斯
Hall, Edward T.	爱德华·T. 霍尔
Haken, Hermann	郝尔曼·哈肯
Hejduk, John	约翰·海杜克
Hertzberger, Herman	赫曼·赫兹伯格
Hildebrand, Adolf	阿道夫·希尔德布兰特
Hillier, Bill	比尔·希利尔
Hara, Hiroshi	原广司
Hirsche, Lee	赫希
Hoesli, Bernhard	伯纳德·赫斯里
Hoff, Robert Van't	罗伯特·凡特·霍夫

Ito, Toyo	伊东丰雄
Johnson, Philip	菲利普·约翰逊
Kahn, Louis I.	路易斯·康
Kandinsky, Wassily	瓦西里·康定斯基
Kaufmann, Emil	艾美尔·考夫曼
Kepes, György	乔治·科普斯
Kiesler, Friedrich	弗里德里希·基斯勒
Klee, Paul	保罗·克利
Koolhaas, Rem	雷姆·库哈斯
Kramel, Herbert	H. 克莱默
Krier, Rob	罗伯特·克里尔
Labrouste, Henri	亨利·拉布鲁斯特
Laseau, Paul	保罗·拉索
Laugier, Marc–Antoine	马克–安东尼·洛吉耶
Ledoux, Claude–Nicolas	克洛得–尼古拉·勒杜
Léger, Fernand	费尔南德·莱热
Leroy, J–D	J–D. 勒鲁瓦
Leupen, Bernard	伯纳德·卢本
Levi–Strauss, Claude	列维–斯特劳斯
Lefebvre, Henri	亨利·勒菲弗尔
Love, Timothy	蒂姆西·拉夫
Leibniz, Gottfried Wilhelm	戈特弗里德·威尔海姆·莱布尼茨
Le Corbusier, Eduard	勒·柯布西耶
Le Nôtre, André	勒·诺特
Loos, Adolf	阿道夫·路斯
Lynch, Kevin	凯文·林奇
Malevich, Kasimir	卡什米尔·马列维奇
Manson, Grant Carpenter	格兰特·卡本特·曼逊
Meier, Richard	理查德·迈耶
Meiss,Pierre von	皮尔·冯·梅斯
Mies van der Rohe, Ludwig	路德维希·密斯·凡·德·罗
Mitchell, William J.	威廉·J. 米歇尔
Moholy–Nagy	莫霍利–纳吉
Mondrian, Piet	彼特·蒙德里安
Mongo, Gaspard	加斯特·蒙热
Muthesius, Hermann	赫曼·穆台休斯
Newell, Allen	艾伦·纽厄尔
Norberg–Schulz, Christian	诺伯格–舒尔兹
Nuhn, Kan	甘·鲁恩
Olbrich, Joseph Maria	约瑟夫·玛利亚·奥尔布列希
Ozenfant, Amédée	阿米迪·奥桑方
Perret, Auguste	奥古斯特·贝瑞
Pevsner, Nikolaus	佩夫斯纳
Rasmussen, Steen	斯丁·拉斯穆森
Riegl, Alois	阿洛瓦·李格尔
Rietveld, Gerrit	盖里特·里特维尔德
Rubin, Irwin	欧文·鲁宾
Robertson, Howard	霍华德·罗伯逊
Rossi, Aldo	阿尔多·罗西
Rowe, Colin	柯林·罗
Saarinen, Eliel	埃利尔·沙里宁

Scharoun, Hans	汉斯·夏隆
Schenmaekers, M. H.	M.H.舍恩马克斯
Schinkel, Karl Friedrich	卡尔·弗雷德里希·辛克尔
Schmarsow, August	奥古斯特·施马索夫
Scott, Geoffrey	乔弗莱·司谷特
Sejima, Kazuyo	妹岛和世
Semper, Gottfried	戈特弗里德·森佩尔
Simmel, Georg	盖奥尔格·齐美尔
Sitte, Camillo	卡米洛·西特
Slutzky, Robert	罗伯特·斯拉茨基
Soufflot, Jacques-Germain	苏夫洛
Stratton, Arthur	亚瑟·斯特拉顿
Tafuri, Manfredo	曼弗雷多·塔夫里
Thiis-Evensen, Thomas	埃文森
Terragni, Giuseppe	吉斯普·特拉尼
Tschumi, Bernard	伯纳德·屈米
Unwin, Simon	西蒙·昂温
Vacchini, Livio	利维奥·瓦契尼
Velde, Henry van de	亨利·凡·德·费尔德
Venturi, Robert	罗伯特·文丘里
Viollet-le-Duc, Eugène-Emmanuel	维奥莱-勒-迪克
Vischer, Friedrich Theodor	弗雷德里希·提奥多·费希尔
Wittkower, Rudolf	鲁道夫·维特科维尔
Wölfflin, Heinrich	海因里希·沃尔夫林
Wright, Frank Lloyd	弗兰克·劳埃德·赖特
Ashihara, Yoshinobu	芦原义信
Zevi, Bruno	布鲁诺·赛维

后 记

本书基于我的博士论文《要素与机制——从设计操作角度出发的建筑空间及教学研究》修改而成。这首先要感谢我的导师，东南大学建筑研究所所长齐康院士。齐先生的决断使我当初定下写这个题目的决心，并定下了论文研究结合教学工作的基调，这也体现出老师一直以来对建筑理论和实践应用的双重关注。在中大医院病房中，齐先生集五十年来教学和实践心得为我描述的最初设想，成为论文的基础和思考原点，而先生对于空间的感悟性提示，则触发了我有关物质和精神双重层面的思考。

本书第一版从选题准备到最后修改完成，历时愈五年，这其中，用于准备和修改纲要的时间要远远长于最终的写作。除去一些主观和客观因素外，也反映出该项研究的某些特殊性。

这中间有一年，我在日本爱知工业大学做访问研究员，得以在不同的环境下相对集中地思考、阅读和考察相关问题。其他时间，我同时在东南大学建筑学院从事有关建筑空间教学的工作。这种方式，使写作与教学之间构成了非常复杂的交织关系：既有一致，又有差异；时而相互印证和启发，时而又要彼此疏离以保持距离。这种关系，在最初提供了论文选题的契机，随后则是相互间漫长而艰难的撕扯和反复，最终形成了目前的文字。

与此相伴随的，则是有关空间问题的思考。这一思考，随着对相关资料的阅读和讨论，展现出无边无际的可能和挑战。这在某种程度上近似于一种探险——这其中，来自于两个方面的具体问题使我最终避免陷于不由自主的诱惑和漫无边际的空想之境。一方面是所接触到的对于中国传统空间的兴趣和启发，这最终成为论文的思考和写作中一个隐含的参照，得以分辨中西方不同的源流，并使我在阅读和接触大量源自于西方的文献和材料时，在一定程度上保留自己的思考和疑问。另一方面则是上述有关空间教学的具体问题，包括前人的大量工作以及我和同事们正在进行的教学实践，这最终帮助确定了以设计（以及设计教学）为核心的空间研究主题，并被纳入论文研究框架之中，使抽象的研究和思考有了具体的材料和目标。

在这个过程中，许多人对本书的研究和写作工作有着很大的帮助，在此表示感谢。首先要特别感谢香港中文大学的顾大庆老师，他与东南大学建筑学院开展的一系列合作教学研究使我受益颇多，而坚持从设计操作本身来研究空间问题，这一想法最早也是受到顾大庆老师的影响和启发。同时也要感谢本校建筑学院的师长，特别感谢韩冬青和龚恺老师。感谢东南大学建筑学院二年级设计教学组的前辈和同事，特别感谢丁沃沃、张雷、陈秋光和鲍莉老师——尽管有一些调整和改变,由丁沃沃和张雷老师参照瑞士苏黎世联邦高等工科大学(ETH)的基础教学所建立的教学框架,而后经由陈秋光和鲍莉等老师的工作,仍然延续着它的影响,并使本书的空间教学讨论有一个持续的基础。感谢葛明博士、史永高博士、周凌博士、陈洁萍博士,使我从最初的选题构思到最后的成书过程中获得持续的讨论和鼓励。最后,特别感谢东南大学出版社戴丽女士对本书出版的提议和卓越支持。

朱 雷
2009 年 6 月